Kurt Floericke

Vögel auf der Reise

EHV

Floericke, Kurt

Vögel auf der Reise

Reihe: *Historical Science*, Band 45

ISBN: 978-3-86741-645-0
Auflage: 1
Erscheinungsjahr: 2011
Erscheinungsort: Bremen, Deutschland

© Europäischer Hochschulverlag GmbH & Co KG,
Fahrenheitstr. 1, 28359 Bremen

www.eh-verlag.de

Dr. Kurt Floericke
Vögel auf der Reise

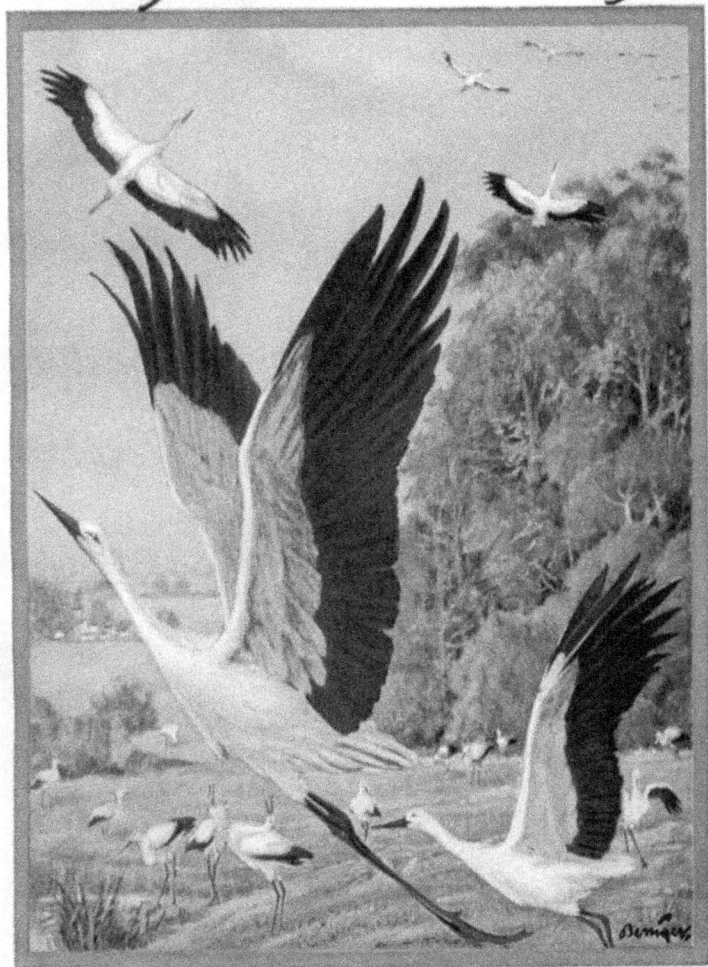

Kosmos, Gesellschaft der Naturfreunde
Franckh'sche Verlagshandlung·Stuttgart

VÖGEL AUF DER REISE

G

Vögel auf der Reise

Von Dr. Kurt Floericke

Mit einem farbigen Umschlagbild von
Kurt Bessiger und 17 Abbildungen

Stuttgart
Kosmos, Gesellschaft der Naturfreunde
Geschäftsstelle: Franckh'sche Verlagshandlung

Es ist doch etwas Wunderbares um den Vogelzug! Mit packender Eindringlichkeit und fast greifbar deutlich rollt er sich in großartiger Anschaulichkeit zweimal jährlich vor unseren Augen ab, und doch ist er noch immer vom Zauber des Geheimnisvollen umwoben und selbst für das Forscherauge mit schier undurchdringlichen Schleiern umhüllt. Er tritt so unmittelbar an uns heran wie wenige andere Vorgänge der Natur, gibt ganzen Jahreszeiten das sie kennzeichnende Gepräge, belebt unsere Einbildungskraft, reizt unseren Verstand, und doch können wir ihm trotz regster Forschungsarbeit nicht recht näher kommen, und die Gelehrten vermochten nur hier und da den Schleier ein wenig zu lüften. Die letzten und größten Rätsel liegen ja im Zugvogel selbst, in seinem Triebleben und in seiner Psyche, und deshalb erscheinen sie für den Menschen so unergründlich. Wer sich aber erst einmal planmäßig und wissenschaftlich vertieft mit den vielgestaltigen Fragen des Vogelzugs beschäftigt hat, den lassen sie einfach nicht wieder los, der ist ihnen zeitlebens sozusagen mit Haut und Haar verfallen. Glaubt man der einen Frage auf den Grund gekommen zu sein, gleich türmt sich ein halbes Dutzend anderer hinter ihr auf. Es ist wie der Kampf des Herkules gegen die lernäische Schlange, der aus jedem abgehauenen Kopf zwei neue hervorwuchsen. Seit 40 Jahren beschäftige ich mich nun mit dem Problem des Vogelzuges, bin den Zugvögeln auf ihren Heeresstraßen nach milderen Ländern nachgereist, konnte eingehend an so hervorragend günstigen Plätzen, wie Rossitten, Lenkoran, Tanger u. a., beobachten, und doch, je mehr ich mich in die Sache vertiefe, um so mehr komme ich zu der Überzeugung, daß all mein heißes und jahrzehntelanges Bemühen mich der Wahrheit nur um einen winzigen Schritt näher gebracht hat. Es ist unter solchen Umständen natürlich ganz unmöglich, die mannigfach verschlungenen und verkapselten Rätsel des Vogelzuges im knappen Rahmen eines Kosmosbändchens auch nur einigermaßen erschöpfend zu behandeln. Ich kann vielmehr nur einige jener Fragen, die sich dem Naturfreund erfahrungsgemäß besonders aufdrängen, herausgreifen und kurz schildern, was wir nach dem gegenwärtigen Standpunkte der Vogelforschung darüber wissen.

Auch der stumpfsinnigste Philister wird unwillkürlich aufgerüttelt, wenn unter dem trüben Novemberhimmel plötzlich die lauten Schreie ziehender „Schneegänse" ertönen und er beim Aufblicken die großen Vögel selbst erspäht, wie sie in schön geordneter Keilform mit ziel= bewußten Schwingenschlägen ihrem fernen Ziele zustreben. Oder wie greift es ans Gemüt, wenn die gellenden Trompetenrufe wandernder Kranichgeschwader erschallen! Was trieb die Zugvögel zu pünktlichem Aufbruch, was leitet sie auf ihrer weiten Reise, welche Abenteuer mögen sie auf ihr erleben, welche Strecken täglich zurücklegen, wo befindet sich ihr Endziel, und wer sagt ihnen im nächsten Frühjahr, daß es nun Zeit sei zur Heimkehr nach den Brutplätzen? Fragen über Fragen! Wie freut sich selbst der naturfremde Mensch unseres Maschinenzeitalters, wenn im Frühjahr wieder die ersten Schwalben durch die Luft schießen und die alten trauten Lehmnester fröhlich umzwitschern, oder wenn im Walde der Kuckuck zum ersten Male wieder seinen klangvollen Namen ruft! Wo ist er den Winter über geblieben, wer zeigte ihm, der doch seine Erzeuger niemals kennen lernte, den richtigen Weg über ferne Gebirge und Meere, durch Wüsten und Urwälder? Fragen über Fragen! Und wie jubelt alt und jung, wenn eines schönen Tages Freund Adebar wieder schnabel= klappernd in seiner heimatlichen Reisigburg steht! Aber welcher Mensch vermöchte mit der gleichen unfehlbaren Sicherheit wie der rot= strumpfige Langbein ohne Zögern und Schwanken den endlosen Weg von der südafrikanischen Steppe bis ins niederdeutsche Dörflein zu= rückzufinden! Und doch beseelt ein Gefühl des Stolzes immer wieder den Vogelkenner, der in den laternenhellen, kohlendampfigen Straßen der Großstadt nächtlicherweile vom finsteren Himmel herab die vollen Flötenpfiffe der Regenpfeifer und Schnepfenvögel vernimmt und der als „vogelsprachekundig" danach jeden einzelnen zu erkennen und deutlich im Geiste vor sich zu sehen vermag und der zugleich weiß, daß sie dem äußersten Norden entstammen, und daß nun die stählerne Kraft ihrer Schwingen sie mit rasender Eile dahinträgt über weite Länder und Meere bis ins innerste Afrika hinein oder selbst noch dar= über hinaus. Unten hämmert's in Fabriken und erfindenden Men= schengehirnen, und hoch über ihnen zieht der scheidende Sommer mit spöttischem Abschiedsgruß in ein glücklicheres Land. Freilich, die meisten merken gar nichts davon. — So ist die Vogelzugsforschung nicht nur unendlich schwierig, sondern auch unendlich reizvoll. Sie ist

das richtige Arbeitsfeld gerade für den echten Naturforscher, der seine
Tätigkeit nicht auf Hörsaal und Laboratorium beschränkt, sondern
sich auch draußen zurechtzufinden versteht, mit der Flinte umzugehen
weiß und etwas vom Wesen des Trappers an sich hat. Die rauhe
Schale der Vogelzugsforschung birgt einen unendlich süßen Kern, und
auch nur ein winziges Stückchen davon verkosten zu dürfen, bedeutet
herrlichen Hochgenuß, ist wohl ein arbeitsreiches Leben wert. Wer sich
eingehend mit der Vogelzugsforschung befaßt, bleibt Idealist, muß es
bleiben und ist gefeit gegen den öden Materialismus unserer Zeit.

Wenn die ungemein lebhafte Tätigkeit auf dem Gebiete der Vogel=
zugsforschung im letzten Viertel des vorigen Jahrhunderts nicht so
reiche Früchte trug, als man eigentlich hätte erwarten dürfen, so liegt
die Schuld in der Hauptsache mit daran, daß man viel z u s e h r
v e r a l l g e m e i n e r t e und deshalb Fragen aufwarf, deren be=
friedigende Beantwortung überhaupt unmöglich ist. Selbst heute noch
haben sich viele Vogelforscher von diesem Grundfehler nicht frei=
machen können. In Wirklichkeit liegen die Dinge nämlich so, daß der
Zuginstinkt, der die Vögel im Herbst gen Süden jagt und im Früh=
jahr in die alte Brutheimat zurückkehren läßt, bei den einzelnen
Vogelarten in ganz verschieden hohem Maße ausgeprägt ist. Das=
selbe gilt auch von der Fähigkeit des Sichzurechtfindens, von der
Begabung, die vielen Gefahren beim Zuge und die durch Wind und
Wetter verursachten Schwierigkeiten zu überwinden. Die beliebten,
schon so oft und heiß umstrittenen Fragen „Ziehen die Vögel mit dem
Winde oder gegen den Wind?", „Wandern die Vögel in breiter Front
oder auf schmalen Zugstraßen?", „Werden Hochgebirge überflogen
oder umgangen?", „Ziehen Junge und Alte gemeinsam oder getrennt?"
usw. beruhen alle auf einer falschen Grundeinstellung und sind deshalb
in dieser Form überhaupt nicht zu lösen. Jede Vogelart — selbst ganz
nahe verwandte Formen verhalten sich in dieser Beziehung oft völlig
verschieden — erfordert also in ihren Zugsverhältnissen eine geson=
derte Betrachtung, eine eigene Untersuchung, und dadurch wird das
ohnehin schon so vielgestaltige Problem natürlich noch viel verwickel=
ter. Die Würgerarten z. B. sind recht weichliche Zugvögel, aber der
Raubwürger ist ein winterharter Standvogel; die beiden Goldhähn=
chen sind sich so ähnlich und stimmen in ihren Lebensgewohnheiten so
vollkommen überein, daß ihre Artverschiedenheit erst durch Chr. Lud=
wig Brehm entdeckt wurde, aber das eine ist ein ausgesprochener Zug=,

das andere ein Stand= oder höchstens Strichvogel. Wir können also
niemals sagen: „Die Vögel ziehen in breiter Front" oder „Die Vögel
wandern auf engbegrenzten Zugstraßen", sondern wir können höch=
stens sagen und b e w e i s e n „Die Rotkehlchen wandern in breiter
Front" oder „Die Störche halten bestimmte Zugstraßen ein". Wir
können auch niemals behaupten „Die Vögel überfliegen die Hoch=
gebirge" oder „Die Vögel weichen den Hochgebirgen aus", sondern
wir können nur behaupten und b e w e i s e n „Drosseln und Finken
ziehen auch über Hochgebirge hinweg", oder „Die Störche vermeiden
auf ihrer Wanderung die Hochgebirge durchaus".

Auch zwischen W a n d e r u n g und Z u g müßte schärfer unter=
schieden werden, als dies bisher der Fall ist. Wenn nordische Schwimm=
vögel auf dem Meere dem Vorrücken der Eisberge ausweichen und
so ganz allmählich immer weiter nach Süden gedrängt werden, wenn
Hakengimpel oder Seidenschwänze bei Mangel geeigneter Nahrung
im Norden solche allmählich immer weiter südlich suchen, so ist das
nicht Zug, sondern Wanderung. Als solche fasse ich es auch auf, wenn
sonst durchaus seßhafte Vögel wie schlankschnäblige Tannenhäher
oder Steppenhühner plötzlich durch irgend welche Ursachen zum Ver=
lassen ihrer Brutheimat genötigt werden und nun in gewaltigen
Mengen, aber planlos sich westwärts in Bewegung setzen. Es ist, als
seien sie von einem Dämon besessen, so drängt es sie immer weiter
westwärts und läßt sie nirgends zur Ruhe kommen, bis sie in ge=
wöhnlich schon völlig aufgelösten und zersprengten Verbänden das
Meer erreichen und in dessen Fluten schließlich ein sang= und klang=
loses Ende finden. Namentlich bei den berühmten großen Steppen=
huhneinfällen der Jahre 1863 und 1888 hat man von einer Rückkehr
der fremden Gäste so gut wie nichts wahrgenommen, sondern die
Teilnehmer der Heerfahrt sind offenbar ausnahmslos kläglich zu=
grunde gegangen. Die Zugs= und Ortsinstinkte sind bei diesen Vögeln
nicht so entwickelt, daß sie sich mit Sicherheit zurückfinden könnten,
sondern sie wandern sich nach Art der Lemminge einfach zu Tode. —
Unter echtem Zug verstehe ich also nur das alljährliche regelmäßige
Vertauschen der Brutheimat mit einer ganz bestimmten Winterher=
berge und umgekehrt. Die hierher gehörigen Vögel werden zur Zug=
zeit von ihren Zuginstinkten vollkommen beherrscht, wie wir dies
in schärfster Ausprägung beim Turmsegler sehen können. Der ge=
käfigte Zugvogel, dem doch Nahrung und Wärme reichlich zur Ver=

fügung stehen, tobt zur Zugzeit wie unsinnig gegen das Drahtgitter, obwohl er damit nichts erreicht, als sich das Gefieder zu zerschlagen oder sich gar blutig zu stoßen. Aber der Zugtrieb hat ihn derart in der Macht, daß er sich des Törichten seiner Handlungsweise gar nicht be= wußt werden kann, sondern blindlings diesem gewaltigen Instinkte gehorchen muß. Bei bloßen Wandervögeln dagegen ist von irgend=

Sibirischer Tannenhäher
macht unregelmäßige, großartige Wanderungen westwärts nach Europa, die gewöhnlich mit Sonnenfleckenperioden zusammenfallen (Photo S. Mielert D.L.N.)

welcher Unruhe im Käfig im Frühjahr und Herbst keine Rede, denn ihr Wandern ist ja nichts als ein mehr gelegentliches, mehr oder minder ausgedehntes Ausweichen vor den Unannehmlichkeiten einer gewissen Jahreszeit.

Da zieht eine Schar Kraniche hoch über den Kirchtürmen, aber gut sichtbar unter dem finsteren Herbstgewölk in der bekannten Keil= form übers Städtchen, und ihre gellenden Trompetenrufe lenken die Aufmerksamkeit auch solcher Leute auf die großen Vögel, die sonst wenig Sinn und Verständnis für die Vorgänge in der freien Natur

haben. Selbst dem oberflächlichsten Beobachter wird dabei die eigen=
artige Keilform der gefiederten Wanderschar auffallen, die wir
auch bei ziehenden Gänsen, Enten, Regenpfeifern u. a. finden, und er
wird sich fragen, welchen Zweck sie wohl haben mögen. Zweifellos
den der besseren Kraftverwertung! Eckardt, der die Keilform als ein
„aeromechanisch untrennbares Ganzes" auffaßt, das wie ein geschlos=
senes Luftschiff dahineilt, hat durch umständliche Berechnungen nach=
gewiesen, daß hierdurch die Überwindung des Luftwiderstandes um
nicht weniger als zwei Drittel erleichtert wird. Das bedeutet natürlich
für schwerfälligere Vögel auf dem Zuge einen großen Vorteil. Sehen
wir näher hin, so bemerken wir auch, daß jeder fliegende Vogel
seinen Vordermann nach außen hin um ein gutes Stück überragt, wo=
durch er freies Gesichtsfeld nach vorne behält und ein Aufprallen auf
den Vordermann vermieden wird, falls dieser mal einen Augenblick
stockt. Es ist klar, daß der an der Spitze des Keils fliegende Vogel die
schwerste Arbeit zu leisten hat, und es wird deshalb in der Regel ein
besonders kräftiges altes Männchen diesen Platz einnehmen. Viele
Vogelforscher sind der Ansicht, daß die Vögel während des Fluges mit
der Besetzung dieses Spitzenplatzes öfters abwechseln. Das klingt zwar
nicht unwahrscheinlich, gesehen habe ich es aber noch nie, so zahllose
ziehende Keilgeschwader ich in meinem Leben auch schon beobachtete.
Noch wahrscheinlicher erscheint es mir, daß beim Aufbruch am näch=
sten Morgen ein anderes Männchen sich an die Spitze setzt, damit der
Führer des vorangegangenen Tages es nun etwas leichter hat.

Mit langsamen, aber wuchtigen und tief ausholenden Schwingen=
schlägen ziehen die Kraniche ihre pfadlose Bahn durch das unendliche
Luftmeer. Unter ihnen entrollt sich das Erdenbild auf weite Strecken
hin wie eine Landkarte, und sie genießen denselben Anblick wie ein
in bescheidener Höhe und stets unter der Wolkendecke sich haltender
Flieger. Aber ihre Augen sind weit schärfer als die menschlichen, ver=
mögen auch die geringfügigsten Einzelheiten zu erspähen und reichen
viel weiter. Zwar ist die Erdoberfläche in Herbstdünste gehüllt und die
Aussicht dadurch stark getrübt, aber das macht den Vögeln nichts aus.
Die roten und gelbroten Ölkügelchen auf der Netzhaut ihrer Augen
ermöglichen ihnen bei Tage ein viel schärferes Sehen als anderen
Geschöpfen, und klar dringen ihre Blicke durch den Erdendunst hin=
durch. Gegen wirklichen und dicken Nebel freilich sind auch die wie
farbige Filter wirkenden Ölkugeln ohnmächtig.

Aufmerksam spüren die Augen des führenden Kranichs die unter ihm befindliche Erdoberfläche ab. Von früheren Reisen her altvertraute Erinnerungsbilder werden in ihm wach und gestalten sich zu wertvollen Richtmarken. Die jungen Kraniche aber, die die große Herbstreise zum erstenmal machen, folgen blindlings der Leitung des alterfahrenen Stammesoberhauptes. Aha, da ist ja die alte Burgruine auf dem steilen Basaltkegel mitten in der Ebene! Und wenn man gerade über ihr schwebt, muß man auch schon den großen Strom erblicken, den es zu überqueren gilt, um die heutige Raststation zu erreichen. Fern am Horizont blitzt schon der ersehnte Wasserspiegel auf. Man ist also auf dem richtigen Wege. Kranichvater läßt einen befriedigten Schrei erschallen, und mit leiserem Gurren und Piepen antworten ihm die Jungvögel. Jetzt aber wird der Wind unangenehm. Er bläst steif von vorn und erschwert die ermüdende Flugarbeit. Vielleicht, daß es in einer höheren Luftschicht besser ist und es sich da leichter fliegt. Auf ein Zeichen des Führers hin schrauben sich die Kraniche 200 bis 300 Meter höher, und in dieser Luftschicht ist allerdings der lästige Gegenwind kaum noch zu spüren. Dafür ist aber die Erde weiter entfernt, und man muß um so schärfer auf die Kennzeichen des Weges aufpassen. Jetzt muß gleich der kahle Hügel mit den Windmühlen kommen. Aber was ist das? Der Hügel ist wohl da, aber die Windmühlen fehlen, die man doch seit vielen Jahren immer wieder überflog. Höchst verdächtig! Sollte man irre geflogen sein? Jedenfalls muß die Sache näher untersucht werden. Die Kranichschar geht also bis auf 100 Meter herunter und kreist unter aufgeregtem Trompeten mehrmals über dem verdächtigen Platz. Aber so sorgsam auch hundert scharfe Kranichaugen herunterspähen, es ist nichts Gefahrdrohendes zu entdecken, und beruhigt schlägt der alte Kranich wieder die frühere Richtung ein. Bald tauchen auch wieder altvertraute Erinnerungsbilder auf und geben die beglückende Gewißheit, daß man den richtigen Kurs nicht verfehlt hat. Etwas später heißt es besonders gut achtzugeben, weil das nun folgende Stück der Zugstraße erst seit wenigen Jahren beflogen wird und sich deshalb noch nicht so tief dem Gedächtnis eingeprägt hat, noch nicht so häufig dem Jungvolk überliefert worden ist. Man muß einen großen Bogen schlagen, auf dessen Sehne man in früherer Zeit flog. Aber da war ein furchtbares Getöse auf der Erde, wo sich die Menschen gegenseitig totschlugen, und der arglose Kranich-

zug geriet mitten in das Geschützfeuer der tobenden Schlacht. Kranich=
vater war damals auch schon dabei, und mit Entsetzen erinnert er sich
noch des grausigen Anblicks, wie die Gefährten vor und hinter ihm
mit zerschmetterten Leibern in die flammendurchzuckte Tiefe stürzten.
Seitdem meiden die Kraniche diese unheimliche Gegend und haben sich
andere Pfade gesucht. Es schadet ja weiter nichts, wenn dadurch die
heutige Raststation etwas später erreicht und der Dauerflug etwas
länger wird. Die Sicherheit des Lebens muß allem anderen voran=
gehen. Endlich taucht vor den suchenden Augen der Kraniche das weite
Sumpfgelände auf, in dem sie schon so manches liebe Mal behagliche
Rast gehalten haben, und wird mit freudigem Geschrei begrüßt. Auf
einer für Menschen unzugänglichen großen Schlammbank wollen die
Vögel einfallen, aber in ihrer Vorsicht tun sie dies nicht ohne weite=
res, sondern umkreisen erst in immer niedriger werdenden Spiralen
den auserwählten Platz, um sich zu vergewissern, daß hier nirgends
eine Gefahr droht, insbesondere kein menschlicher Jäger versteckt ist.
Haben sich die großen Vögel dann endlich niedergelassen, so begeben
sie sich nach kurzer Pause zu Fuß auf die Nahrungssuche, um die hung=
rigen Mägen zu füllen, nicht aber ohne vorher auf erhöhten Punkten
aufmerksame Wachtposten aufgestellt zu haben, die unablässig die
ganze Gegend durchspähen und beim geringsten Anzeichen von Ge=
fahr das Warnungszeichen geben. Zeitig begibt sich dann die ganze
Gesellschaft zur Ruhe, um die nötigen Kräfte zur Flugleistung des
nächsten Tages zu sammeln.

In der eben geschilderten Weise etwa verläuft ein normaler Zugtag
bei am Tage wandernden größeren Vogelarten. Daß sie sich in der
Tat nach der wie eine Landkarte unter ihnen ausgebreiteten Erd=
oberfläche richten und sich hauptsächlich mit Hilfe ihrer Augen zurecht=
finden, das habe ich oft genug und besonders genau an der Meerenge
von Gibraltar beobachten können. Ich wohnte damals in einem kleinen
Landhause auf dem Höhenzug hinter der Stadt Tanger. Vom Garten
aus konnte ich einen großen Teil der gegenüberliegenden spanischen
Küste überblicken, und namentlich die Stadt Tarifa trat bei günstiger
Beleuchtung so greifbar scharf hervor, daß man an manchen Häusern
die Fenster zählen konnte. In den ersten Morgenstunden tauchten
bei Tarifa öfters gewaltige Storchenheere auf, die wahrscheinlich in
den großen Sümpfen des Guadalquivir genächtigt hatten und die ich
mit Hilfe des Feldstechers vom Augenblick ihres Erscheinens an vor=

trefflich verfolgen konnte. Sobald die Störche auf ihrem Wege die
äußerste Spitze Europas erreicht hatten, gerieten sie offensichtlich in
Unruhe und schwangen sich kreisend immer höher empor. Erst nach
etwa halbstündigem Kreisen ordneten sie sich neu (die Störche ziehen

Der Storchenzug
-------- Ungefähre nördliche Brutgrenze ——— Die beiden großen Zugstraßen
——— Hauptwinterquartier
(Für den Kosmos gezeichnet von R. Offinger)

nicht in Keilform, sondern etwa schwadronsweise) und kamen nun
schnurstracks über das schmale Meer herüber, und zwar in der Rich=
tung auf den Leuchtturm am Kap Spartel, ließen also Tanger links
liegen. Auf meinen vielen Ritten längs der Westküste Marokkos habe
ich dann solche wandernde Storchenheere verfolgen können bis in die
Gegend südlich Mogador und zum Kap Ghir, wo sie die Meeresküste

14

zu verlassen und landeinwärts abzubiegen scheinen. Natürlich konnten die Störche auch ohne Höhersteigen von Tarifa aus das Kap
Spartel sehr gut erblicken; sie wollten sich aber, ehe sie das Meer über-
querten und sich dem fremden Erdteil anvertrauten, offenbar erst
noch über den weiteren Verlauf der in ihrer Zugrichtung streichenden
afrikanischen Küste unterrichten, und zu diesem Zweck erhoben sie sich
in höhere Luftschichten, um ihren Gesichtskreis zu erweitern. Auf
derselben Zugstraße fand ich übrigens auch zahlreiche andere Vogelarten aus englischen, westskandinavischen und norddeutschen Brut-
gebieten, besonders zahlreich z. B. die norwegische Form des Blau-
kehlchens.

Mit Löns und Kurt Graeser bin ich der Ansicht, daß nicht der Standvogel der ursprüngliche Vogeltyp war, wie die meisten Vogelforscher
ohne weiteres annehmen, noch weniger natürlich der Zugvogel, sondern vielmehr der Strichvogel, und zwar in der Ausprägung, die wir
heute als „Zigeunervogel" bezeichnen. Hierher gehören aus
unseren Breiten namentlich die Kreuzschnäbel und der Rosenstar, in
abgeschwächtem Maße aber auch die Sumpfohreule und der Wachtel-
könig, sogar der Kernbeißer, der zur Aufzucht seiner Jungen Mai-
käfer haben will. Es sind dies also Vögel mit stark spezialisierter Er-
nährungsweise, die planlos im Lande herumzigeunern und sich da
längere Zeit aufhalten oder zur Brut schreiten, wo ihr Tisch besonders reich gedeckt ist. Ubi bene ibi patria, lautet ihr Wahlspruch.
Ähnlich mögen es auch zahlreiche andere Vogelarten in Urzeiten getrieben haben, und wahrscheinlich waren sie zu einem solchen Herumzigeunern geradezu gezwungen, weil die Nahrung sich ihnen sicherlich
nicht in solcher Fülle und Übersichtlichkeit darbot wie heute unter
unseren kultivierten Verhältnissen. Wie noch heute die Kreuzschnäbel
abhängig sind vom mehr oder minder reichen Zapfenansatz der Nadel-
wälder, wie die Rosenstare fast mechanisch den Zügen der Wander-
heuschrecken folgen müssen, so mußten damals viele Arten hin- und
herstreichen, um ihre Lieblingsnahrung in genügender Menge vor-
zufinden. Man wende nicht ein, daß die Mehrzahl der heutigen Vogel-
gattungen aus eidechsenartigen Vorfahren heraus doch schon in der
Tertiärzeit mit unglaublicher Schnelligkeit sich entwickelt habe, daß
während dieser Epoche Europa sich eines sehr milden, fast tropischen
Klimas erfreuen durfte, und daß demnach für Geschöpfe aller Art
doch beständig Nahrung in Hülle und Fülle vorhanden gewesen sein

müsse. Werfen wir vielmehr einen Blick auf die heutigen tropischen und subtropischen Länder, so sehen wir, daß die Nahrungsquellen für bestimmte Tiere sich ihnen nicht in geschlossener Masse, sondern meist in starker Verzettelung darbieten, und daß ihr Anwachsen oder Schwinden in hohem Maße abhängig ist von Regenfällen und anderen metereologischen Ereignissen. Wir sehen, wie sogar die Kolibris der brasilianischen Urwälder beständig streichen, um jederzeit diejenigen Blüten zu finden, denen ihr Organismus besonders angepaßt ist; wir sehen, wie kleine Sittiche und viele Prachtfinken beständig hin= und herziehen, um solche Landstriche aufzusuchen, denen befruchtender Regen üppigen Graswuchs entlockt hat, so daß es da mehlhaltige Samenkörner in unerschöpflicher Menge gibt; wir wissen, daß durch die Verteilung, das Versiegen und Wiedererscheinen guter Tränkstellen selbst Säuger zu Zigeunertieren werden, wie z. B. die großen Antilopenherden Ostafrikas. Nichts hindert also die Möglichkeit der Vorstellung, daß ursprünglich auch die Mehrzahl der europäischen Vögel eine ähnliche Lebensweise geführt hat. Vielleicht hat gerade zu diesem Zweck die Natur dem Vogel das Flugvermögen verliehen oder wurde es gerade durch diese Notwendigkeit herausgebildet. Übrigens kühlte sich das Klima schon im Pliozän wieder wesentlich ab, und es wird in Europa beim Ausklingen der Tertiärzeit kaum viel anders gewesen sein als heutzutage. Das Wandern war also für alle jene Lebewesen, die ihren Unterhalt nicht durch eigene Arbeit dem Erdboden abzuringen oder durch einen Winterschlaf über die schlimmste Zeit hinwegzukommen wissen, der gegebene Zustand. Die Vögel zogen ihrer Schnabelweide nach, wobei Bequemlichkeit und Wanderfähigkeit die Reichweite ihres Schweifens bestimmten. Sie waren nur dann seßhaft, wenn das Fortpflanzungsgeschäft sie notgedrungen an einen bestimmten Platz bannte. Die wiedergewonnene Freiheit und das Überstehen des Federwechsels aber wurden sofort zu neuer Ungebundenheit ausgenützt, um die reichlichsten und leckersten Nahrungsquellen zu besuchen. Immerhin müssen wir festhalten, daß der Vogel nur da seine wahre und eigentliche Heimat hat, wo er das Licht der Welt erblickt und selbst für die Vermehrung seiner Art sorgt. Dies gilt auch für solche Arten, die wie Pirol und Turmsegler längere Zeit auf der Wanderung und im Winterquartier verbringen als am Brutplatze und die man deshalb gar nicht übel als „Sommerfrischler" bezeichnet hat. Andererseits können wir uns aber die Ent=

stehung des Vogelzugs gar nicht besser vor Augen führen, als wenn wir uns vergegenwärtigen, wie auf der Erde jederzeit Überfluß und Mangel, Fruchtbarkeit und Öde, Wärme und Kälte wechseln, so daß Geschöpfe, die keine Vorsorgewirtschaft treiben, notgedrungen dem Hunger entfliehen und gedeckte Tische aufsuchen, also wandern müssen. Standvögel im allerstrengsten Sinne des Wortes gibt es überhaupt kaum, denn selbst bei einem so ausgesprochen seßhaften Vogel, wie es z. B. der Kolkrabe ist, zigeunern doch wenigstens die noch nicht fortpflanzungsfähigen Jungvögel im Lande herum, und es ist immerhin bemerkenswert, daß sie dabei stets Gegenden aufsuchen, die südlich von den Brutplätzen liegen.

Dann brachen die verschiedenen Eiszeiten herein, die auf dem Höhepunkt ihrer Entwicklung über ganz Nordeuropa eine Eiskappe zogen und auch von den südlichen Hochgebirgen her gewaltige Gletschermassen vorschoben, so daß der für Vögel bewohnbare Raum zu einem schmalen Gürtel zusammenschmolz, in dem überdies recht strenge Winter an der Tagesordnung gewesen sein müssen. Natürlich setzten diese umwälzenden Veränderungen nicht plötzlich und katastrophal ein, sondern ganz langsam und allmählich, unmerklich sich auf Jahrtausende verteilend, öfters auch durch Rückschläge unterbrochen. Ganz von selbst erhielt aber dadurch das Streichen der Vögel mehr und mehr eine bestimmte Richtung, nämlich nach Süden oder Westen, und in wärmere Länder, während es bisher nach allen Richtungen der Windrose hin erfolgt war. Aus dem Streichen wurde so allmählich ein Ziehen mit ganz bestimmten Zielen, und es ist aller Wahrscheinlichkeit nach bitterer Nahrungsmangel, prosaischer Hunger gewesen, der den ersten Anstoß zu dem wundervollen Phänomen des Vogelzuges gegeben hat. Da die eisstarrenden Hochgebirge von vielen Arten sicherlich nicht überwunden werden konnten, sondern mehr oder minder umständlich umgangen werden mußten, mögen sich schon damals die ersten Vogelzugstraßen herausgebildet haben. Ich denke mir die Sache so, daß die Wanderungen anfangs sich nur über einen geringen Raum ausdehnten, daß sie aber im Laufe der Zeit ein immer bestimmteres Gepräge erhielten und über immer größere Zwischenräume sich erstreckten, je mehr die Vereisung Europas zunahm. Sicherlich sind damals viel mehr Vogelarten gewandert als heutzutage, sicherlich sind manche ganz zugrunde gegangen, weil sie falsche Wege einschlugen oder sich sonstwie dem Wechsel der Jahreszeiten nicht anzu-

paſſen vermochten. Allmählich bildete ſich im Anſchluß an dieſe ein
herbſt= und ein Frühlingszug heraus. Unzählige Vogelgeſchlechter
machten ſo zweimal jährlich die große Reiſe. Das Ziehen wurde zur
Gewohnheit, die vererbte Gewohnheit zum Inſtinkt, der immer ſchär=
fere Formen annahm.

Dieſer alljährlich zweimal erwachende I n ſ t i n k t iſt einer der
ſtärkſten, den wir bei höheren Tieren kennen. Mit ſchier unheimlicher
Gewalt packt er den Vogel, der ſich ihm faſt hemmungslos überlaſſen
muß. Iſt ſeine Zeit gekommen, ſo m u ß er ziehen, mag er wollen oder
nicht. Manchmal gerät dabei der Zuginſtinkt mit dem Fortpflan=
zungs= und Elterninſtinkt in Widerſpruch, wie ich dies namentlich bei
Uferſchwalben beobachten konnte. Der Sommer war naß, kühl, un=
freundlich und inſektenarm geweſen, und es gab deshalb viel ver=
ſpätete Bruten. In den Niſtlöchern einer großen Uferſchwalben=
kolonie, die ſich in einer alten Kiesgrube niedergelaſſen hatte, ſaßen
noch zahlreiche kleine Junge, als ſchon die Zugzeit gekommen war.
Die alten Vögel wurden von erſichtlicher Unruhe ergriffen und zeigten
eine merkwürdige Aufgeregtheit, Nervoſität und Unſicherheit. Zu=
nächſt fütterten ſie noch, aber immer läſſiger und in immer größeren
Abſtänden. Es zog ſie zu den großen Verſammlungsplätzen, zu den
luſtigen Flugübungen. Und eines Tages waren ſie nicht mehr da.
Vergeblich ſchrien und gierten die treulos verlaſſenen, dem Hunger=
tode geweihten Jungen. Hier hatte alſo mit der fortſchreitenden
Jahreszeit der Zuginſtinkt die Überhand gewonnen über Fortpflan=
zungsinſtinkt und Fütterungstrieb. Doch iſt auch der umgekehrte Fall
namentlich bei Rauchſchwalben nicht ſelten. Dann harren die Alten
unter Umſtänden bis zur äußerſten Grenze des Möglichen bei ihren
noch hilfloſen Kindern aus und ſuchen ſie trotz der immer knapper
werdenden Nahrungsmittel wenigſtens bis zum Ausfliegen und Selbſt=
freſſen zu bringen, um erſt nach dieſem Zeitpunkt an die eigene Reiſe
zu denken. Oft haben ſie aber darüber den richtigen Aufbruchstermin
verſäumt, geraten dadurch in Vorwinter und frühzeitige Schnee=
ſtürme und gehen maſſenhaft am Fuße der Alpen zugrunde, die zu
überfliegen ſie nicht mehr die nötige Kraft haben, während die Jungen
überhaupt nur zu Schwächlingen ſich entwickeln konnten, deshalb den
Anſtrengungen der Reiſe von vornherein nicht gewachſen und ſo mit
Sicherheit einem frühzeitigen Tode verfallen ſind. In einem ſolchen
Falle hat einmal die bekannte Vogelſchützerin Frau Lina Hähnle am

Nordfuß der Alpen massenhaft die ermatteten Schwälbchen aufsammeln lassen, sie mit Mehlwürmern und anderen Kraftfuttermitteln gestärkt, in Körbe warm verpackt und dann durch einen Vertrauensmann mit dem Schnellzuge durch den Gotthard-Tunnel nach dem sonnigen Italien bringen lassen, wo man dann die Vögel schleunigst fliegen ließ. Möchten sie ihr Reiseziel glücklich erreicht haben! Der Fall der bis zur Selbstaufopferung bei ihrer Nachkommenschaft ausharrenden Rauchschwalben berührt das menschliche Gefühl sympathisch, während das geschilderte Verhalten der Uferschwalben uns grausam vorkommt. Und doch ist im Interesse der Art das Letztere entschieden das Richtigere, d. h. Vorteilhaftere, denn es rettet unter Aufopferung der doch nur Schwächlinge liefernden Jungen wenigstens die Alten zum Fortpflanzungsgeschäft des nächsten Jahres, während im zweiten Falle nur zu oft die Alten mitsamt den Jungen dem Verderben geweiht sind, wodurch dem Bestande der Art viel empfindlichere Lücken geschlagen werden. Die Natur sorgt eben immer nur für die Erhaltung der Art, während sie sich um das Wohl und Wehe des Einzelgeschöpfes in keiner Weise kümmert. Selbst der Raub- und Ernährungsinstinkt wird zeitweise vom Zuginstinkt überwunden, denn wir sehen an guten Zugtagen Raub- und Singvögel friedlich die gleiche Bahn ziehen. Sie kümmern sich gar nicht umeinander, sondern alle sind nur von dem einen Drange beseelt, möglichst rasch vorwärts zu kommen.

Wie völlig der Zuginstinkt zu gewissen Jahreszeiten den Vogel beherrscht, das zeigt namentlich auch das Verhalten gekäfigter Zugvögel, die dann, obwohl sonst völlig eingewöhnt, wie unsinnig gegen das Gitter toben, nur getrieben von dem dunklen Drange, in weite Fernen hinauszustürmen. Man kann aus der größeren oder geringeren Stärke und aus dem längeren oder kürzeren Andauern dieses meist nachts sich abspielenden Tobens allerlei wichtige Schlüsse ziehen. Je mehr der Vogel rast, um so stärker wird sein Zuginstinkt ausgeprägt sein, je länger das Toben anhält, um so länger wird auch im Freien seine Wanderlust dauern, d. h. um so größere Strecken wird er zurücklegen, um so weiter wird seine Winterherberge entfernt sein. Eine Art, die schon in den Mittelmeerländern überwintert, wird nur kurze Zeit unruhig sein, eine andere, deren Winterleben sich in Innerafrika abspielt, viel länger. Und doch! So gewaltig und unwiderstehlich der Zuginstinkt uns gegenwärtig auch noch erscheinen mag —

ich kann mich des Gedankens nicht erwehren, daß er in sichtlichem Abflauen begriffen ist. Beständig mehren sich die Fälle, wo Vögel, die früher als ausgesprochene Wanderer galten, den Winter über bei uns bleiben und getreulich in unmittelbarer Nähe des alten Nestes ausharren, andere nur streichen, statt zu ziehen. Selbst Schwarzplätt=

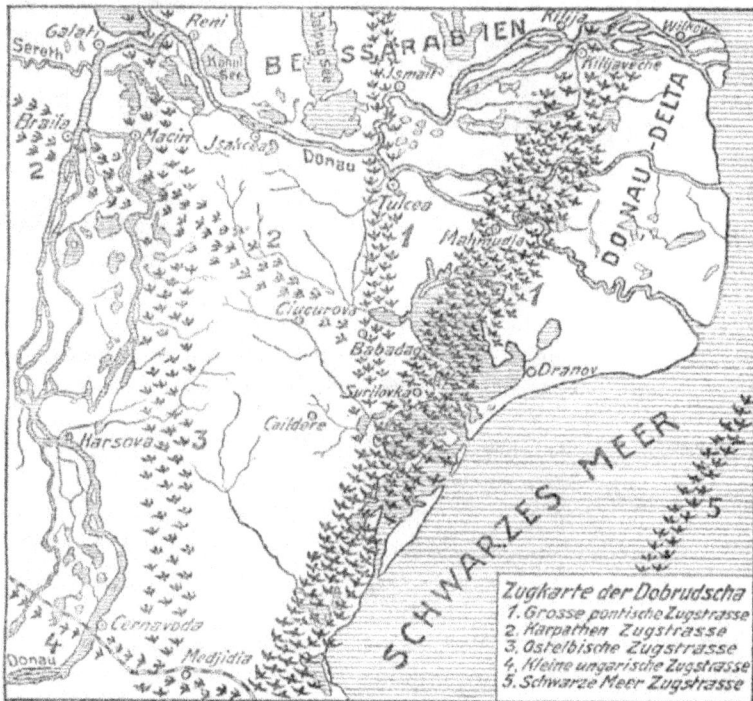

Der Vogelzug in der Dobrudscha

chen, Rauchschwalben, Weidenlaubsänger und Störche machen frei= willig Überwinterungsversuche. Bei Staren, Feldlerchen und Turm= falken lassen sich heute kaum noch sichere Ankunftsdaten mitteilen, weil man nie recht weiß, ob man wirklich die ersten Ankömmlinge oder überwinternde Stücke vor sich hat. Die milden Rheingegenden fangen für manche Arten nachgerade an, die frühere Rolle der Mittel= meerländer zu spielen. Seit den vier Jahrzehnten, in denen ich wissen=

schaftliche Vogelkunde betreibe, hat sich in dieser Beziehung ein deut=
licher Umschwung vollzogen, ohne daß man deshalb gleich an eine
„wiederkehrende Tertiärzeit" zu denken braucht, von der manche
Leute faseln. Auch das Verhalten der Käfigvögel spricht dafür. Sie
toben nicht mehr so stark wie in meiner Knabenzeit, als ich mir die
ersten gefiederten Pfleglinge anschaffen durfte. Von meinen gegen=
wärtigen Pfleglingen stößt sich eigentlich nur noch der Mornellregen=
pfeifer im Herbst und Frühjahr die Stirnfedern ab oder schlägt sich
gar ein wenig blutig. Dagegen prangt meine Singdrossel stets im
tadellosesten Gefieder, jedes Federchen aalglatt angelegt, was be=
kanntlich bei dieser Art sonst selten ist. Niemals hat sie irgendwelche
Unruhe gezeigt. Nun läßt allerdings der Umstand, daß sie von allem
Anfang an sehr zutraulich war, während alte Wildfänge dieser Art
recht scheu sind, darauf schließen, daß sie jung aus dem Neste genom=
men wurde, wofür auch ihr zwar sehr fleißiger, aber qualitativ etwas
minderwertiger Gesang spricht. Ich besitze aber auch noch ein Schwarz=
plättchen, das sicherlich ein alter Wildfang war, sich anfangs sehr
scheu zeigte und vorzüglich singt und das trotzdem noch niemals ge=
tobt hat, obwohl gerade Schwarzplättchen in dieser Beziehung in
einem üblen Rufe stehen. Also auch das Verhalten der Käfigvögel
läßt darauf schließen, daß der Zuginstinkt im Abflauen begriffen ist,
und nach Jahrtausenden wird aus diesem Abflauen vielleicht ein
völliges Verlöschen werden, und die wunderbare Erscheinung des
Vogelzuges wird dann vorübergerauscht sein, wie so manches andere
in der Natur. — Inwiefern die immer häufiger werdende Überwinter=
ung von Zugvögeln in unsern Breiten vielleicht auch auf die in
immer ausgedehnterem Maße zur Anwendung gelangende Winter=
fütterung der Vögel zurückzuführen ist, mag hier dahingestellt blei=
ben, aber denkbar ist es sehr wohl, daß gerade die ersten Anfänge von
Überwinterung damit zusammenhängen, indem bei zeitig beginnen=
der Fütterung mancher Vogel vielleicht veranlaßt wird, zu bleiben und
den Kampf mit den Unbilden der rauhen Jahreszeit aufzunehmen.

Wie ungefähr die Tagwanderer ihren Weg finden und sich auf der
Reise orientieren, das haben wir oben an dem Beispiel der Kraniche
gesehen, und wir wissen auch bereits, daß es ein uralter, tief einge=
prägter Instinkt ist, der die Vögel zur Wanderung veranlaßt. Schwie=
riger wird die Sache dadurch, daß viele Vögel nicht bei Tage, sondern
bei N a c h t wandern, oft sogar in recht finsteren Nächten, wo sie trotz

ihrer scharfen Augen unmöglich einen weiten Überblick über das sich unter ihnen aufrollende Landschaftsbild haben können. Wie finden die sich zurecht? Nun, sie fliegen gleichfalls verhältnismäßig niedrig, im allgemeinen wohl noch niedriger als die Tagwanderer, so daß der Gesichtssinn schwerlich ganz zur Ausschaltung gelangt. Zeugen dafür sind die zahlreichen Nachtwanderer, die man tot unter dem Telegraphendraht findet, sind auch die krächzenden Reiher= schreie und die schö= nen Regenpfeifer= pfiffe, die man nachts so oft in über= raschender Boden= nähe hört. Merk= würdig, welch zau= berhafte Anzie= hungskraft dabei grelle Lichtquellen auf die gefiederten Reisenden ausüben. Leuchttürme werden von den durch das Blinkfeuer geblende=

Großer Brachvogel
Die überaus wohlklingenden Rufe nächtlich ziehender
Brachvögel hört man oft üb.r den erleuchteten Großstädten
(Photo Hubert Schonger)

ten Vögeln umflattert wie die Lampe von den Motten, und nur allzu viele finden dabei ein trauriges Ende. Aber auch das Lichtermeer der Großstadt wird stundenlang unter aufgeregtem Rufen und Schreien umkreist, und es ist, als vermöchten die Vögel gar nicht, sich von diesem märchenhaften Anblick wieder loszureißen. Namentlich in Breslau konnte ich dies viele Male bei durchziehenden Regenpfeifern und Brachvögeln beobachten, da ja eine große Zugstraße das Odertal entlang läuft. Wo solche auffallende Lichtquellen schon lange bestehen, ist es sehr gut möglich, daß sie im Verlauf der Jahre zu Leitmarken für die Nachtwanderer geworden sind, denn der Zug vollzieht sich ja nicht rein mechanisch und stumpfsinnig, sondern der Vogel weiß da= bei sehr wohl sich für ihn ergebende Vorteile oder Nachteile zu mer=

ken und für die Zukunft auszunutzen und zu verwerten. Gerade die
N a ch t w a n d e r e r find, wie z. B. Eulen, Regenpfeifer und Dick=
füße, durch den Besitz großer, fernsichtiger Augen (in unmittelbarer
Nähe sehen sie schlecht, wovon man sich bei gekäfigten Stücken leicht
überzeugen kann) ausgezeichnet, die ihnen beim Fernsehen nachts
auch sehr zugute kommen werden. Ein weiteres Hilfsmittel beim
nächtlichen Sichzurechtfinden dürfte das Gehör sein, das ja bei den
meisten Vögeln recht scharf ausgebildet ist. Wie wir von unseren Flie=
gern wissen, werden Geräusche auf der Erde noch in überraschender
Höhe sehr deutlich wahrgenommen. Die Küstenwanderer z. B. werden
sicherlich das Rauschen der Brandung hören, können sich also sehr gut
danach richten. Weiter kommt noch hinzu, daß ein so luftempfind=
liches Geschöpf wie der Vogel gewiß auch den Unterschied merken
wird, der zwischen dem Feuchtigkeitsgehalt der über großen Wasser=
flächen und der über dem Binnenlande stehenden Luftsäulen vorhan=
den ist. Der Vogel wird also immer wissen, ob er über den Wassern
oder über dem Lande oder über der Grenzscheide beider schwebt, und
selbst beim Überfliegen der Kontinente wird ihm das Vorhandensein
von Strömen und großen Flüssen, von Teichen und Seen, von Sümp=
fen und Morästen zum Bewußtsein kommen.

Damit ist schon viel gewonnen, aber alle diese Eigenschaften reichen
zur restlosen Erklärung des Phänomens doch nicht aus, am wenigsten
bei solchen Arten, wo die Jungen streng getrennt von den Alten ziehen,
also deren Erfahrung und Führung entbehren müssen. Hier müssen
noch andere Dinge im Spiele sein, und wir kommen deshalb um die
Annahme eines besonderen, uns vorläufig noch völlig rätselhaften
R i ch t s i n n e s nicht herum, der seinen Sitz vielleicht in den Am=
pullen (blasenförmigen Erweiterungen) des Gehörgangs hat. Dieser
Richtsinn ermöglicht eine allgemeine, aber sofortige und durchaus
sichere Orientierung nach den verschiedenen Himmelsrichtungen auch
in finsterster Nacht und ohne jede Unterstützung durch die anderen
Sinne oder sonstige Fähigkeiten. In abgeschwächtem Maße findet er
sich auch bei anderen Tieren, andeutungsweise selbst bei wilden Men=
schenrassen, während er beim Kulturmenschen völlig verkümmert ist.
Der Eisfuchs in der unendlichen, gleichförmigen, aller hervorstechen=
den Merkmale entbehrenden Tundra und der ihn verfolgende Samo=
jedenjäger haben ihn auch. Man kann beide bei Nacht und Nebel
mitten in die Tundra weitab von ihrem Wohnsitze hineinsetzen, und

sie finden sich doch zurecht, ebenso die Katze, die man meilenweit in einem Sack verschleppt hat und die doch ohne Zögern den richtigen Weg nach ihrem Zuhause einschlägt. Der ganze Brieftaubensport wäre ohne solchen Richtsinn ja gar nicht denkbar. Um ihn aber voll zur Auswertung gelangen zu lassen, ist noch etwas weiteres notwendig, nämlich eine ausgezeichnete O r i e n t i e r u n g s g a b e, verbunden mit einem guten Gedächtnis. Beides ist ja den Vögeln in hohem Maße eigen. Der Richtsinn allein genügt nicht, aber in Verbindung mit der Orientierungsgabe wird er zum ausschlaggebenden Faktor. Jener deutet nur allgemein die Himmelsrichtung an, die zu den er= sehnten warmen Überwinterungsplätzen führt, diese dagegen regelt alle Einzelheiten und Umwege, bahnt die Zugstraßen und wählt die Raststationen, alle solche Kenntnis auch den künftigen Geschlechtern vermittelnd und schließlich vererbend. Nur sie ist Zwischenfällen und Veränderungen gewachsen. Zwei Beispiele werden das noch klarer machen. Man hat wiederholt größere und kleinere Versuche gemacht, den netten Sonnenvogel, die sogenannte chinesische Nachtigall, bei uns einzubürgern, sowohl seiner Farbenschönheit und seines munteren Benehmens, als auch seiner zwar kurzen, aber sehr wohlklingenden Gesangsstrophe halber. Die Sache ließ sich zunächst auch immer ganz gut an. Die bunten Fremdlinge gewöhnten sich vortrefflich an unser Klima, sangen und brüteten fleißig und zogen eine ganze Anzahl von Jungen groß. Im Herbst trieben sie sich dann rudel= und schwarmweise in der Gegend herum, und dann waren sie eines schönen Tages, als der Zuginstinkt in ihnen erwachte, plötzlich verschwunden, und zwar ausnahmslos auf Nimmerwiedersehen. Wohl wurden solche abgezo= gene Trupps mehrfach in südlicheren Gegenden gesehen, aber dann verlor sich ihre Spur. Der angeborene Richtsinn hatte sie ganz richtig die Richtung nach Süden einschlagen lassen, aber als sie dann auf die große Quermauer der Alpen stießen, reichte ihre Orientierungsgabe nicht aus, denn es fehlte diesen Asiaten ja jede vererbte und über= lieferte Erfahrung der Vorfahren über die verwickelte Gestaltung Europas und seiner Zugverhältnisse. So irrten sie umher und gingen dabei wahrscheinlich zugrunde, denn man hat sie nie wiedergesehen. Daran sind alle so hoffnungsvoll begonnenen Einbürgerungsversuche mit Sonnenvögeln ausnahmslos gescheitert. Ferner hat man Jung= störche eingefangen und so lange in Haft gehalten, bis die Zugzeit der Störche vorüber und die Alten längst abgezogen waren. Endlich frei=

gelassen, wurden auch diese Jungstörche vom Richtsinn gen Süden ge=
führt, aber die große, bekannte Zugstraße der Störche vermochten sie
nicht zu finden, sondern irrten weit von ihr ab, wurden z. B. in
Griechenland angetroffen, wo sonst keine Störche durchziehen.

Nun wandern aber auch in freier Natur bei zahlreichen Vogelarten
Alte und Junge streng getrennt, so daß diese lediglich auf
ihre eigene Weisheit angewiesen sind. Wenigstens sagt man es.
Namentlich Gätke hat diese Behauptung sehr nachdrücklich verfochten
und mancherlei Beweise dafür erbracht, die seine zahlreichen Gegner
nicht allzu stark zu erschüttern vermochten. So erscheinen auf Helgo=
land von Ende Juni ab und den ganzen Juli hindurch Unmassen von
jungen Staren, darauf tritt eine Pause von fast zwei Monaten ein,
während welcher dort überhaupt kein Star gesehen wird, bis dann
endlich Ende September der Zug der alten Stare einsetzt und den
ganzen Oktober über anhält. Ähnliches beobachtete er bei Stein=
schmätzern, Braunkehlchen, Rotschwänzchen, Trauerfliegenfängern
u. a., und ich konnte selbst auf der Kurischen Nehrung diese Angaben
nur durchaus bestätigen. Ebenso verhielt es sich dort mit dem Strand=
läuferzug: erst kamen die Jungvögel, später die Alten, und im Früh=
jahr war es dann gerade umgekehrt. Russische Forscher berichten uns,
daß man im Winter bei Petersburg nur alte Schneeammern im schön
schwarzweißen Kleide zu sehen bekomme, im Süden des weiten Reiches
aber ausschließlich Jungvögel im unansehnlichen Jugendkleide. Es
scheint sogar, daß bei manchen Arten Junge und Alte überhaupt ganz
verschiedene Straßen ziehen. So beobachtete ich allherbstlich bei
Rossitten zahlreiche Steppenweihen und Rotfußfalken, die ja sonst in
Deutschland als Seltenheit gelten, aber immer nur Jungvögel, und
ich kann mich nicht erinnern, dort jemals einen Altvogel dieser Arten
gesehen zu haben. Wenn überhaupt, so treten solche dort jedenfalls
nur ganz vereinzelt auf. Offenbar fliegen sie im allgemeinen ganz
andere Wege. Trotz alledem bin ich gegen die Lehre vom Getrennt=
ziehen nach Altersstufen und gegen die daraus gezogenen Folgerungen
im Lauf der Jahre immer mißtrauischer geworden. Sehr oft sind ja
die Herbst= und Reisekleider der Alten den Jugendkleidern so ähnlich,
daß es ganz unmöglich ist, beide selbst bei naher Entfernung von=
einander zu unterscheiden. Und wer will wirklich mit voller Sicherheit
sagen, daß unter den zuerst erscheinenden Strandläuferwolken oder
den nach Tausenden zählenden Starenschwärmen nicht doch auch einige

Altvögel zwischen der Unmasse der Jungen sich befinden? Ein einziger
würde ja schließlich als Führer genügen! Auch wollen wir nicht ver=
gessen, daß viele Vögel gern gemeinsam mit solchen anderer Art
ziehen, daß wir also z. B. bei Finken oder Strandvögeln häufig bunt
gemischten Schwärmen begegnen. Oft ist nur ein einzelner Fremd=
vogel dabei, der dann in der Regel einer größeren, klügeren und vor=
sichtigeren Art angehört. So sah ich nicht selten alte Kiebitzregenpfeifer
oder Kampfläufer als Führer eines Schwarms von Alpen= oder Bogen=
schnäbligen Strandläufern, und es ist sehr wohl denkbar, daß diese
Führerrolle nicht auf Vermeidung von Gefahren sich beschränkt, son=
dern auch dem Einhalten der richtigen Zugstraße zugute kommt. Die
Macht des Beispiels darf gerade im Vogelreiche nicht unterschätzt
werden. Bricht z. B. ein Zug Kraniche im Morgengrauen zur Fort=
setzung seiner Reise auf, so folgen ihm alsbald auch die in seiner Nähe
auf den Fluren liegenden Schwärme von Kleinvögeln. Dasselbe gilt
von den Einzelwanderern. Hüpft ein Rotkehlchen abends schnickernd
am Waldesrande herum und schwingt es sich endlich lockend in die
Lüfte, so tun es ihm die in Hörweite befindlichen Artgenossen alsbald
nach. Dieser ganze Fragenkomplex bedarf also dringend noch weiterer
Erforschung und Aufhellung, ehe wir ein einigermaßen sicheres Urteil
fällen können. Wahrscheinlich ist aber das völlige Alleinziehen der
Jungvögel viel seltener als man bisher glaubte. Eine Vogelart nun
verursacht in dieser Beziehung besonders viel Kopfzerbrechen. Es ist
der Kuckuck, der als Brutschmarotzer seine Erzeuger ja nie kennen
lernt, also auch unmöglich von ihnen auf der Reise geführt werden
kann. Eckards Ansicht, daß der junge Kuckuck auch auf dem Zuge noch
von seinen Pflegeeltern betreut werde, ist zweifellos irrtümlich und
beruht unbedingt auf einem Beobachtungsfehler. Sicher ist aber, daß
die alten Kuckucke schon lange vor ihren Nachkommen abziehen, um
die sie sich ja überhaupt nie gekümmert haben. Auf der Kurischen
Nehrung war der Telegraphendraht zur Zugzeit oft weithin mit breit=
spurig auf ihm thronenden Jungkuckucken geschmückt, die aber in
weiteren Abständen, jeder für sich, dasaßen und sich oft nur mühsam
gegen den starken Westwind behaupteten, übrigens auch ungewöhn=
lich zutraulich waren, so daß man sie bequem und ungedeckt auf wirk=
samste Schrotschußweite angehen konnte. Von der Anwesenheit ihrer
Pflegeeltern aber, die mir doch auf der kahlen und übersichtlichen
Pallwe unmöglich hätten entgehen können, war nichts zu merken.

Nur einmal in meinem Leben habe ich — gewiß ein sehr seltener Fall — in Württemberg einen richtigen Kuckuckszug von etwa 30 Stück am hellen Tag beobachten können, denn im allgemeinen ist der Gauch Nachtwanderer. Da die Vögel ganz niedrig zogen und die Beleuchtung gut war, konnte ich deutlich erkennen, daß es sich ausschließlich um Jungvögel handelte. Wie finden die sich zurecht? Bei der Ungeselligkeit des Kuckucks ist es doch wohl ausgeschlossen, daß er sich anderen Vogelarten anschließt. Der Richtsinn weist ihm wohl die allgemeine Südwestrichtung, aber wer unterrichtet ihn über die verwickelten Einzelheiten des langen Weges bis ins innerste Afrika? Ich muß offen gestehen: ich weiß es nicht.

Außer nach Altersstufen findet beim Zuge nun aber häufig noch eine Trennung nach dem Geschlechte statt, indem Männchen und Weibchen gesondert reisen, sogar oft zu verschiedenen Zeiten aufbrechen und wieder zurückkehren. Die Männchen ziehen zuletzt fort und sind zuerst wieder da. Bei den Nachtigallen und an den Storchnestern läßt sich dies besonders leicht feststellen, und der Buchfink führt ja wegen dieser zeitweisen Geschlechtertrennung den wissenschaftlichen Namen coelebs = Hagestolz. Bei Arten, wo die Geschlechter sehr verschieden gefärbt sind, springt dieses Verhältnis natürlich besonders scharf in die Augen. Wenn z. B. die großen nordischen Dompfaffen im Spätherbst bei uns einrücken, sehen wir, daß manche Flüge fast nur aus den prachtvoll roten Männchen bestehen und andere fast nur aus den unansehnlichen grauen Weibchen. Auch im Winterquartier bleibt diese Trennung der Geschlechter bestehen, und dabei stoßen wir auf die vielerörterte, aber immer noch nicht geklärte Frage, ob unsere Vögel auch im fremden Lande singen, oder ob sie den ganzen Winter über hartnäckig den Schnabel halten und sich lediglich mit der Nahrungssuche beschäftigen. Mehr poetisch schön als naturgeschichtlich richtig hat man behauptet, daß sie aus Sehnsucht nach der fernen Heimat schweigen und erst nach ihrer Rückkehr den Gesang wieder aufnehmen. Die ganze Frage erscheint aber eigentlich ziemlich müßig, da doch jeder Liebhaber weiß, daß gekäfigte Drossel- und Grasmückenarten schon bald nach der Mauser den Gesang wieder aufnehmen, wenn auch leiser, und daß selbst gefangene Nachtigallen schon um Weihnachten herum wieder ihre Strophen hören lassen, vorausgesetzt, daß sie sorgsam und naturgemäß verpflegt werden. Spötter, Rohrsänger und Würger fangen wieder zu singen an, sobald sie die Wintermauser glücklich überstanden haben. Wenn also die Vögel während der Wintermonate im Käfig singen, warum sollten sie es dann nicht auch in freier Natur tun, wo es ihnen doch zum allermindesten ebenso gut geht? Wir wissen doch, daß der Vogelgesang nicht nur Minnelied und Kampfruf ist, sondern über= haupt Ausdruck allgemeinen Wohlbefindens. Ich habe in Marokko im Winter Schwarzplättchen, Rotkehlchen, Lerchen, Nachtigallen u. a. vielfach singen hören. Die volle Kraft und Fülle des Nachtigallen= liedes, das lauteste Jauchzen der Schwarzplättchenstrophe entfaltet sich allerdings erst wieder beim Werben um das Weibchen und beim Kampf mit dem Nebenbuhler. Während des Zuges selbst singen die Vögel nicht, denn dann haben sie keine Zeit und Ruhe dazu, und wenn die Wanderung sehr weit geht, etwa gar bis nach Südafrika hinunter, und entsprechende Zeit in Anspruch nimmt, da wird die winterliche Gesangsperiode ohnehin auf eine recht knappe Zeitspanne einge= schränkt. Nun kommt noch bei vielen Arten eine meist im Januar bis Februar sich vollziehende Wintermauser hinzu, und während des Mausergeschäftes singt ja überhaupt kein Vogel.

Die Natur hat es weise eingerichtet mit der Geschlechtertrennung auf dem Zuge und in der Winterherberge. Wenn im Frühjahr der Vogel infolge der üppigen Winterkost im Vollbesitz seiner Kräfte ist, dann sieht sich das Männchen nach einem Weibchen um, um dem all= mächtigen Paarungsdrange zu genügen. In unmittelbarer Nähe findet er keines. Dafür tauchen halbverblaßte Erinnerungsbilder in ihm auf von den ehelichen Freuden, die er im Vorjahre in der fernen nordischen Heimat genoß, zuerst nur in verschwommenen Um= rissen, dann immer schärfer und deutlicher. Dort oben, wo im vor= jährigen Nest die bunten Eierchen lagen und die hungrigen Jungen kreischten, muß doch auch wohl das Weibchen wieder anzutreffen sein! So macht er sich auf den Weg, an den vom Herbstzug her lebendig in ihm haften gebliebenen Erinnerungsbildern und Landmarken sich zu= rücktastend. Es ist also die Liebe oder — naturwissenschaftlicher ge= sprochen — der Fortpflanzungstrieb, der ihn in die alte Brutheimat zurückführt. Aber erstaunlich ist die Sicherheit, mit der er sich sofort in dieser zurechtfindet und den alten Brutplatz wieder aufsucht. Die Seevögel finden ihren alten Vogelberg wieder, obgleich Hunderte ähn= licher Felsklippen in der Gegend vorhanden sind, die Schwalbe kehrt zu demselben alten Lehmnest zurück, in welchem sie im Vorjahre ihre

Kinder großzog, der Storch bezieht seine alte Reisigburg, und die Schneeammer landet in der endlosen gleichförmigen Tundra genau auf demselben Steinblock, unter dem im vergangenen Sommer ihr Nestchen stand. Aus mancherlei Merkmalen wissen wir schon längst, daß es im allgemeinen stets dieselben Vögel sind, die zum alten Nest zurückkehren, und der Beringungsversuch hat es neuerdings bestätigt. Erst wenn die alten Inhaber den Weg alles Fleisches gegangen sind, wird ein solcher Nistplatz für ihre Nachkommen oder für ihre Vetternschaft frei. Im übrigen suchen sich die Jungvögel in der Nähe anzusiedeln, und erst wenn hier schon alles übervölkert ist, schweifen sie weiter in die Ferne, um sich etwas Passendes zu suchen, dadurch unter Umständen zur Erweiterung der Verbreitungsgrenzen der Art beitragend. Nun könnte man freilich fragen: Warum bleiben die Vögel denn nicht einfach im Winterquartier und brüten daselbst? In der Tat gibt es Vogelkenner, die z. B. die ersichtliche Verminderung unserer Brut=schwalben dadurch erklären möchten, daß unsere Schwalben mehr und mehr in Nordafrika hängen bleiben und sich hier fortpflanzen, sich also den gefährlichen Heimweg über das Mittelmeer schenken. Ich halte aber diese Ansicht für durchaus verfehlt. Die bedauerliche Ab=nahme unserer Brutschwalben hat ganz andere Ursachen, auf die aber hier nicht näher eingegangen werden kann. Würden die europäischen Zugvögel in Afrika auch brüten, so müßte dort sehr bald Raum=mangel, Übervölkerung und Nahrungsknappheit eintreten, zumal dort die Schnabelweide namentlich zur Trockenzeit durchaus nicht so bequem sich bietet, wie der Laie gewöhnlich annimmt. Manche unserer Vögel sind auch hinsichtlich des Aufzuchtfutters für ihre Jungen so stark spezialisiert, daß sie vielleicht im Winterquartier gar nicht das Richtige finden würden. Vor allem fällt aber der Umstand ins Ge=wicht, daß die tropischen Tage im Sommer bedeutend kürzer sind als die nord= und mitteleuropäischen, daß also nur eine viel kürzere Fütterungszeit zur Verfügung steht, etwa 12 Stunden, statt 16—18. Wir sehen ja, daß Spätbruten in vorgerückter Jahreszeit, auch wenn es noch Kerbtiere genug gibt, bei uns immer nur Schwächlinge liefern, die dem Kampfe ums Dasein nicht gewachsen sind. Jungvögel solcher Arten brauchen eben naturnotwendig eine zeitlich ausgedehnte Fütte=rung.

Wer und was sagt aber unsern Brutvögeln im Herbst, daß es nun Zeit sei zum Aufbruch nach dem milderen Süden? Man denkt natür=

lich auch hier zunächst an den allmählich sich geltend machenden Nah=
rungsmangel, und in vielen Fällen trifft dies ja auch zu. Es gibt aber
doch eine ganze Reihe von Arten, die schon zu einer Zeit aufbrechen,
wo es noch Kerbtiere und andere Nahrung in Hülle und Fülle gibt,
sie also unmöglich Hunger leiden können. Eine andere Frage ist es
freilich, ob ihnen auch ihre L i e b l i n g s nahrung noch in genügender
Menge und erwünscht leichter Zugänglichkeit zur Verfügung steht.
Über diesen Punkt — viele Vögel sind recht leckerhafte und wähle=
rische Geschöpfe — wissen wir aber noch viel zu wenig, als daß wir
hier ein sicheres Urteil zu fällen vermöchten. Wenn die stürmischen
Segler nach geradezu hastig vollendetem Brutgeschäft schon anfangs
August verschwinden, so gibt es freilich noch Kerfe in Menge. Ob
aber auch die winzigen Vertreter der Insektenwelt, die sich in den
höheren Luftschichten tummeln und die Lieblingsnahrung des „Vogels
Wupp" bilden, wie der unvergeßliche Hermann Löns die Turm=
schwalbe so treffend genannt hat? Für den zeitigen Abzug der alten
Kuckucke läßt sich schon eher eine einleuchtende Erklärung finden,
denn die behaarten Raupen, die sie mit großer Vorliebe fressen und
durch deren Vertilgung sie so forstnützlich werden, verpuppen sich im
Hochsommer, stehen also nicht mehr zur Verfügung. Zum wirklichen
oder scheinbaren Nahrungsmangel kommen nun aber noch mancherlei
Gründe hinzu. Da ist zunächst die abnehmende Besonnung. Der Son=
nentage werden immer weniger, und die große Mehrzahl unserer
Vögel gehört nun einmal zu den ausgesprochenen Sonnenfreunden,
die die wärmehde und belebende Wirkung der Strahlen des Tages=
gestirns nicht entbehren können. Die Tage werden immer kürzer, und
damit vermindert sich die für die tägliche Nahrungssuche zur Ver=
fügung stehende Zeit in geradezu beängstigendem Maße. Die Zärt=
linge unter unseren gefiederten Freunden können nur wenige Stunden
hungern, ohne an Leib und Leben Schaden zu nehmen. Der erfahrene
Liebhaber beleuchtet abends künstlich die Käfige seiner Gelbspötter
und Sumpfrohrsänger, denn er weiß, daß diese Vögelchen sonst sehr
rasch von Kräften kommen und die gefährliche Wintermauser nicht
überstehen können, wenn sie nicht täglich etwa 12 Freßstunden haben,
wie dies ja auch in ihren tropischen Winterquartieren der Fall ist.
Weiter tritt auch hier die Abhängigkeit des Vogels von der Pflanzen=
welt klar in Erscheinung. Sobald die Pflanzen absterben, fehlen auch
die an ihnen lebenden Insekten, und sobald die Beeren= und Samen=

ernte aufgezehrt ist, muß auch der Körnerfresser wandern oder strei=
chen, um noch nicht ausgeplünderte Gegenden aufzusuchen. Das Ge=
deihen oder Mißraten gewisser Sämereien beherrscht den ganzen
Strich, wobei wir nur an die auf Nadelholzzapfen angewiesenen
Kreuzschnäbel zu denken brauchen. Die dicke Herbstluft wird den
meisten Vögeln auch nicht gerade angenehm sein, und die ersten ernst=
lichen Frostnächte bewirken einen geradezu fluchtartigen Abzug aller
derer, die sich bei ihrem gemütlichen Herbstbummel verspätet haben.
Ich glaube weiter an einen niederdrückenden Einfluß der im Herbst
besonders zahlreich auftretenden Nebel auf das Vogelgemüt. Es wird
ihnen dann zu ungemütlich. Leiden doch selbst wir Menschen, die wir
doch viel weniger wetterempfindlich beschaffen sind als die Vögel, er=
sichtlich unter dem verstimmenden Einfluß der Herbstnebel, die das
Licht abschließen und beklemmend auf unser ganzes Nervensystem
einwirken. Es ist die wehmütige Zeit des Sterbens in der Natur, das
freilich eigentlich gar kein Sterben ist, sondern nur ein Ausruhen zum
Aufspeichern neuer Kraft.

Wenn auch die Zugvögel auf ihren Wanderungen vom Zuginstinkt
vollständig beherrscht werden, neben dem der Fortpflanzungsinstinkt
völlig erloschen ist und selbst der Nahrungsinstinkt sehr zurücktritt,
so darf man deshalb doch nicht glauben, daß die Vögel ihre Wande=
rungen sozusagen ganz blindlings vollziehen, und daß sie nicht im=
stande wären, sich dabei veränderten Verhältnissen anzupassen. Der
Zug vollzieht sich also nicht rein schablonenmäßig, wie wir ja schon
aus dem Verhalten der Vögel bei verschiedener Witterung schließen
können. Aber auch die Tierseele selbst hat dabei mancherlei Wand=
lungen durchzumachen. Wenn hochnordische Vögel zu uns kommen,
die in ihrer öden Heimat die Tücke des Menschen noch nicht kennen
lernten, so verblüffen sie uns förmlich, wenigstens in den ersten Tagen
nach ihrer Ankunft, durch ihre Zutraulichkeit. Ich habe in dieser Be=
ziehung die tollsten Sachen erlebt. Die prächtigen Hakengimpel, die
ich in einem meiner ostpreußischen Winter sehr zahlreich beobachten
konnte, kümmerten sich überhaupt nicht um den Menschen, und wenn
sie auf irgend einem Baume eingefallen waren, konnten die Dorf=
jungen ruhig am Stamme heraufklettern, ihnen eine an einem Stock
befestigte Schlinge über den Kopf legen, sie so herunterziehen und
dieses Spiel mehrmals hintereinander wiederholen, ehe der Rest des
Schwarms sich zum Abstreichen entschloß. Einmal stand ich in Gesell=

schaft des jetzigen Museumsdirektors Jacobi in Dresden an einem
großen Wiesentümpel bei Rossitten, als plötzlich zwei Wassertreter an-
geschwirrt kamen und sich dicht vor uns niederließen. Wir konnten
noch einige Schritte näher herangehen, ohne daß sie fortflogen, und
es war ein reizender Anblick, wie die winzigen Federbällchen auf dem
Wasser herumschwammen und schließlich bis an unsere mit Tran ein-
geriebenen Stiefel gelangten und nun eifrig an ihnen herumpickten.

Kreuzschnabel
Typus des „Zigeunervogels", aus dem der Zugvogel hervorging (Photo F. Mielert D.E.N.)

Wir wagten kaum zu atmen, um das köstliche Bild nicht zu zerstören,
sanken dabei aber immer tiefer in den Sumpf ein, und erst als wir es
nicht länger in unserer unbequemen Stellung aushalten konnten und
mit großem Geräusch unsere Stiefel aus dem Schlamm herausziehen
mußten, da strichen die lieblichen Vögelchen mit klirrenden Rufen ab.
Bekannt ist es ja auch, daß die Seidenschwänze und die schlankschnäbe-
ligen sibirischen Tannenhäher in die plumpsten Fallen gehen und
daß die Isländischen Strandläufer den ungedeckten Schützen auf freiem
Gelände auf jede beliebige Entfernung herankommen lassen. Auch

die Birkenzeisige sind überaus zutraulich, und wenn die großen nor=
dischen Gimpel bei uns eintreffen, kann man sofort feststellen, daß sie
lange nicht so ängstlich sind wie unsere kleineren Brutgimpel. Aber
das Bild ändert sich, sobald die Tiere die Tücke des Menschen kennen
gelernt haben, und es dauert gar nicht lange, dann werden die an=
fangs so vertrauten Strandläufer, nordische Enten usw. sogar recht
scheu. Und wiederum ändert sich das Bild, sobald die gefiederten
Reisenden weiter südlich in mohammedanische Länder kommen, da der
Mohammedaner bekanntlich den Tieren nichts zuleide tut, solange
dies nicht für seine eigene Lebenserhaltung notwendig ist. Die Raub=
vögel verlieren dort jede Scheu vor dem Menschen, und Reiher und
Störche laufen unbefangen im belebtesten Marktgewühl herum, um
Fleischabfälle zu ergattern.

Der Einfluß der Witterung auf den Vogelzug ist früher
zweifellos überschätzt worden, aber noch zweifelloser wird er gegenwär=
tig, wo man sich in allzu einseitiger Weise in den Beringungsversuch
verbohrt hat, stark unterschätzt. Es gibt heute viele Vogelzugsforscher,
die überhaupt jeden Einfluß der Witterung auf den Vogelzug leugnen
und infolgedessen Wetternotizen bei ihren Aufzeichnungen kaum noch
machen. Das ist sicherlich verfehlt. Wir wissen doch, wie sehr die Tier=
welt einschließlich des Menschen in ihrem Wohlbefinden und in ihrer
Stimmung von der Witterung abhängig ist, und in besonders hohem
Maße muß dies bei Geschöpfen zutreffen, deren Körper Luftsäcke
enthält und deren Knochen teilweise mit Luft gefüllt sind, wie dies
bei den Vögeln der Fall ist. Wer den Vogelzug nicht aus Büchern,
sondern in der freien Natur studiert, der kommt bald zu der Über=
zeugung, daß die jeweilige Witterung dabei eine recht bedeutende, oft
sogar eine ausschlaggebende Rolle spielt. Jeder Schnepfenjäger weiß
ja, daß er bei lauem, feuchtem Frühlingswetter mit leisem Südwest=
wind gute Aussichten auf dem Schnepfenstrich hat, während es ihm
gar nicht einfallen wird, bei kaltem Frost oder Schneefall sich auf die
Langschnäbler anzustellen, auch wenn die richtige Jahreszeit schon
längst da ist. Ebenso wissen die italienischen Vogelfänger aus der
Wetterlage ganz genau, wann es sich lohnt, die kleine Hütte bei ihrem
Roccolo zu beziehen oder wann nicht. Dieselben praktischen, aus lang=
jähriger Erfahrung gesammelten Kenntnisse haben auch die Krähen=
fänger auf der Kurischen Nehrung, die aus den Witterungsverhält=
nissen mit größter Sicherheit schließen können, ob sie einen guten

Fang zu erwarten haben oder nicht. Auf der Insel Zante bezeichnet man nach den Mitteilungen des bekannten Mittelmeerforschers Erzherzog Ludwig Salvator eine bestimmte Wetterlage geradezu als „Turteltauben=Wetter", weil nur bei dieser Witterung die ersehnten Turteltauben sich massenhaft einstellen. Ähnliches gilt von den Wachtel= zügen an den nordafrikanischen, italienischen und syrischen Küsten oder von den großen Lerchenzügen in der Gegend von Palermo, wo das Volk gleichfalls eine bestimmte Wetterlage als „Lerchenwetter" bezeichnet und an solchen Tagen mit der Ankunft von etwa einer Million Lerchen rechnet, ebenso wie man im Golf von Smyrna von „Schnep= fenwetter" spricht.

Ich gehe soweit, den Vögeln sogar eine ge= wisse Vorausahnung des für sie günstigen oder ungünstigen Wet= ters zuzuschreiben, und behaupte, daß sie sich nach diesen Ahnungen bei ihrem Zuge richten. Das ist natürlich nicht so gemeint, als ob die Vögel auf Wochen oder

Seidenschwanz
ist im hohen Norden heimisch; kommt als Wintergast in manchen Jahren sehr zahlreich nach Mitteleuropa
(Photo Hubert Schonger)

gar Monate das Wetter vorausahnen, wie manche Leute glauben, daß also etwa ein frühes Erscheinen von Wintervögeln auf einen strengen und harten Winter schließen lasse oder ein zeitiges Eintreffen der ge= fiederten Lenzesboten auf einen frühen und schönen Sommer. Wohl aber ahnen die Vögel nach meinen Erfahrungen das Wetter auf 6—24 Stunden voraus und zeigen namentlich plötzliche Wetterumschläge oder Wetterkatastrophen mit ziemlicher Sicherheit für diesen Zeit=

raum an. So heißt es z. B. in meinem Roſſittener Tagebuch vom
3. Oktober 1895: „Bis mittag Südoſtwind und heiteres Wetter, groß=
artiger Zug von Krähen, Turmfalken und Buchfinken. Am Mittag
bricht der Zug plötzlich ab, und eine Stunde ſpäter ſchlägt der Wind
in einen böigen Weſt um und bezieht ſich der Himmel mit dicken
Regenwolken. Vom 4. bis 8. tobt dann ein furchtbarer Sturm aus
Weſten und Südweſten!" Die Zugvögel haben alſo offenbar den
ſchroffen Wetterumſchlag und den orkanartigen Sturm vorausge=
ahnt und deshalb ihren Zug jählings unterbrochen. Auch das Umge=
kehrte kommt vor. So berichtet der bekannte bayriſche Vogelforſcher
Pfarrer Jäckel, daß am 24. und 25. Februar noch ungeheure Schnee=
maſſen ſein Beobachtungsgebiet bedeckten, daß trotzdem aber bereits
die erſten Lerchen erſchienen, und daß gleich darauf der Wind nach
Süden umſchlug, Tauwetter eintrat und mit dem Regen und der
milderen Luft nun plötzlich ein ſtarker Vogelzug einſetzte, nament=
lich von Lerchen, deren Lieder bald die ganze Gegend erfüllten. Hier
haben die Lerchen alſo offenbar den Umſchlag vom winterlichen zum
milden Frühlingswetter vorausgeahnt und daraufhin ihren Zug
wieder aufgenommen.

Am meiſten geſtritten worden iſt über die Frage, ob die Vögel mit
dem W i n d e ziehen oder gegen ihn. Kein Geringerer als Alfr. Edm.
Brehm vertrat die Anſicht, daß die Vögel auf ihren Wanderungen
gegen den Wind fliegen, weil es ihnen im umgekehrten Falle unan=
genehm ſei, wenn der Wind ins Rückengefieder blaſe. In der Tat
kann man ja an jedem Käfigvogel leicht feſtſtellen, wie zuwider es
ihm iſt, wenn man ihm Luft aufs Rückengefieder bläſt, aber beim
Vogelzug kommt das kaum in Betracht, da der Durchſchnittszugvogel
ſchneller fliegt als eine ſtarke Windböe. Es iſt auch richtig, daß größere
Waſſervögel ſtets gegen den Wind auffliegen, ſelbſt wenn ſie ſich da=
bei dem Jäger noch etwas nähern müſſen. Wer ſie aber weiter mit
dem Auge verfolgt, wird bald bemerken, daß ſie umſchwenken, ſobald
ſie eine gewiſſe Höhe erreicht haben, und nun mit dem Winde viel
ſchneller davonziehen. Jedenfalls kann der mit dem Winde ziehende
Vogel eine erheblich größere Geſchwindigkeit entwickeln als der gegen
den Wind anfliegende, denn bei ihm würde dann die Zugsgeſchwin=
digkeit gleich ſein der Eigengeſchwindigkeit zuzüglich der Windge=
ſchwindigkeit. Bei dem gegen den Wind ziehenden Vogel dagegen
wäre die Zugsgeſchwindigkeit gleich der Eigengeſchwindigkeit, ver=

mindert um die Windgeschwindigkeit, also bedeutend geringer als im ersten Falle. Im allgemeinen werden demnach die Vögel mit dem Winde ziehen, was auch mit der praktischen Beobachtung überein= stimmt, da sie ja einen großen Vorteil davon haben. Nur darf man den Einfluß des Windes nicht überschätzen. Um schwachen Wind küm= mern sie sich im allgemeinen wenig, haben es sogar ganz gern, wenn

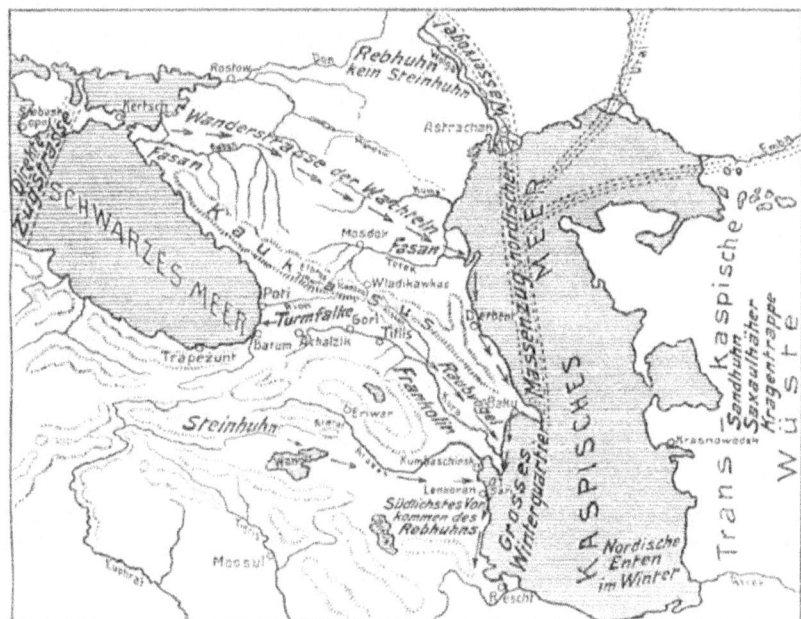

Vogelzug im Pontisch=Kaspischen Gebiet

ein solcher schräg von der Seite bläst oder lavieren gegen Gegenwind an, so daß ich manchmal auf der Kurischen Nehrung förmliche Zickzack= bänder von ziehenden Vögeln sich durch die Luft wälzen sah. Erst stärkere Winde üben einen Einfluß aus. Im allgemeinen sind es also im Herbst Nordost= und im Frühling Südwestwinde, die dem Vogel= zug in unseren Breiten förderlich sind, und da jene Kälte, diese aber Wärme mit sich zu bringen pflegen, kann man auch einen gewissen Zusammenhang zwischen Vogelzug und Temperatur feststellen, der an sich aber gleichfalls keinen allzu großen Einfluß ausübt. Immerhin hat das oft so scharf beobachtende Volk recht, wenn es die im Spät=

herbſt über unſere Fluren ziehenden Wildgänſe als „Schneegänſe" bezeichnet, obwohl dieſe Tiere mit den echten Schneegänſen nichts zu tun haben, ſondern in der Regel nordiſche Saatgänſe ſind. Sie ſind aber häufig genug Vorboten von Froſt oder Schnee. Noch in dem lau= niſchen Dezember 1927 konnte ich ſehr hübſche Beobachtungen dazu machen. In Württemberg hatten ſowohl die Wetterwarten als auch die Tageszeitungen mildes Regenwetter für die nächſten Tage vor= ausgeſagt — aber es flogen große Züge von Schneegänſen über meinen damaligen Aufenthaltsort Murrhardt, und denen traute ich mehr. Sie waren auch tatſächlich die zuverläſſigeren Wetterkundigen, denn in den nächſten Tagen trat ſtarker Froſt und ſchwacher Schnee= fall ein, von Regenwetter keine Spur.

Windſtärke und Windrichtung ſind in den einzelnen höheren oder tieferen Luftſchichten oft ganz verſchieden, und natürlich ſuchen ſich die Wandervögel dann diejenige Luftſchicht aus, in der die ihnen am beſten zuſagenden Windverhältniſſe herrſchen. Dadurch kann die Höhe des Vogelzugs innerhalb weniger Stunden mehrfach wechſeln. Kräf= tigere Vögel und ſtärkere Flieger werden in dieſer Beziehung weniger empfindlich ſein als kleinere und ſchwächlichere oder ausgeſprochen ſchlechte Flieger. So kann es kommen, daß der Vogelzug ſich gewiſſer= maßen in mehreren Stockwerken vollzieht, indem etwa dicht über der Erde, wo an dieſem Tag der Wind am günſtigſten bläſt, Singvögel ziehen, über ihnen Rabenvögel und über dieſen vielleicht Kraniche oder Störche, ſo daß man einen ähnlichen Eindruck bekommt, wie etwa in den belebteſten Teilen Berlins, wo der Verkehr mit Unter= grundbahn, Straßen= und Hochbahn ja auch in mehreren Stockwerken ſich abwickelt. Steigert ſich der Wind zum Sturm, ſo unterbricht er jeden regelrechten Vogelzug. Die Vögel, die ja das Hereinbrechen des Sturmes vorausahnen, beſchleunigen ihre Reiſe in den letzten Stun= den nach Möglichkeit, um noch vor Ausbruch des Unwetters geſchützte Örtlichkeiten zu erreichen. Landvögel werden in Wäldern und Buſch= werk ja immer geeignete Zufluchtſtätten finden und gehen dann ein= fach zum Erdboden herab, um den Sturm über ſich hinwegbrauſen zu laſſen. Etwas Nahrung bietet ſich an ſolchen Stellen auch immer. Schlimmer ſind die Seevögel dran, denn ſelbſt wenn ſie gute Schwimmer ſind, können ſie doch den Kampf mit den hochgehenden Wogen der von einem Orkan aufgepeitſchten See nicht aufnehmen, und oft genug werden ſie vom Sturmwind aufs feſte Land geworfen. Hier machen sie einen rührend unbehilflichen Eindruck. Manche dieser Vogelarten sind derart an das Meer und seine Küste gewöhnt, daß sie alle Besonnenheit verlieren, wenn sie aufs feste Binnenland kommen und hier gar nicht auffliegen, obwohl sie es recht gut könnten. So kann man verschlagene Sturmtaucher, Seetaucher und dergleichen, wenn sie auf eine freie Landfläche geworfen werden, manchmal buchstäblich mit den Händen ergreifen, ohne daß sie den Versuch machen, ihre Schwingen zu lüften. Offenbar fällt ihnen auch an sich das Auffliegen vom Erdboden schwer. Werden Landvögel bei einem Flug über das Meer vom Sturme überrascht, so geht es ihnen oft traurig genug. Viele finden dann in den Wellen ihren Tod, andere werden an die nächste Küste geworfen und kommen dann hier in so völlig ermattetem Zustand an, daß sie jeder Nachstellung schutzlos preisgegeben sind. So schrieb mir der Sammler Rettich aus Malcoci-Tulcea einmal über einen verunglückten Vogelzug folgendes: „In der Nacht vom 12. zum 13. September 1910 herrschte starker ONO-Sturm an der Küste des Schwarzen Meeres. Der Durchzug der Wachteln, Schwalben und Wildtauben muß in dieser Nacht ein enorm starker gewesen sein. Am Morgen des 13. September fand man in Sulina die Straßen wie besät mit toten Wachteln und Schwalben, vereinzelt fand man auch Wildtauben. Im Hafen und am Meeresstrande sah man unzählige tote Wachteln und Schwalben auf dem Wasser treiben. Hunderte von Wachteln, welche durch den Anprall an die Häuser oder Telegraphendrähte wie betäubt oder geflügelt waren und teilweise stumpfsinnig dasaßen, teilweise verzweifelt in den Straßen herumhuschten, wurden bei der im Lauf des Morgens sich entwickelnden allgemeinen Wachteljagd zur Strecke gebracht. Die Leuchtturmwächter sammelten an diesem Morgen neben vielen anderen Vögeln vier große Säcke — etwa 400 Kilogramm! — toter Wachteln auf." Man sieht, welch gewaltige Einbußen wandernde Vogelheere durch solche Wetterkatastrophen erleiden können, und da die Vögel stammweise ziehen, d. h. die Brutvögel derselben Gegend sich auf der Wanderung zusammenhalten, so kann es leicht geschehen, daß z. B. der Schwalbenbestand einer bestimmten Gegend dadurch nahezu vernichtet wird und im folgenden Jahr nur sehr wenig Schwalben an die alten Brutplätze zurückkehren. Die Leute wundern sich dann darüber und erschöpfen sich in allerlei Mutmaßungen. Wie wir aber sahen, ist die richtige Erklärung für solche Erscheinungen gar nicht schwer zu finden. Die

Wanderung mit ihren vielen Unbilden und Gefahren ist ja über=
haupt ein strenger Prüfstein dafür, ob eine Vogelart dem Kampfe
ums Dasein gewachsen, also des Fortbestandes wert ist, und die Natur
zeigt sich dabei als eine unerbittliche, manchmal geradezu grausame
Zuchtmeisterin. Es kann vorkommen, daß der Sturm ein wanderndes
Vogelheer auf ein kleines, kahles Felseneiland wirft, das aller ge=
eigneten Nahrungsmittel bar ist, und es hier mehrere Tage lang
blockiert, so daß die armen Reisenden elendiglich verhungern müssen,
falls sie es nicht vorziehen, bei verzweifelten Fluchtversuchen lieber
zu ertrinken. So führt auch der Vogelzug zur Vernichtung der Schwäch=
linge und zur Auslese der Stärksten und Kräftigsten und besitzt auch
nach dieser Richtung hin eine nicht zu unterschätzende biologische Be=
deutung.

Neben Sturmwind und Orkan wirkt noch ein anderer Faktor sehr
ungünstig auf den Vogelzug ein, und das ist dichter N e b e l, der den
wandernden Vögeln trotz der Ölkügelchen in ihren Augen jede Fern=
sicht versperrt, ihnen dadurch das Zurechtfinden erschwert und schließ=
lich unmöglich macht. Starker Nebel bringt nach meinen Erfahrungen
jeden Vogelzug sofort zum Stocken und oft in heillose Unordnung.
Die Vögel irren dann wie von Sinnen herum und wissen nicht, wohin
sie sich wenden sollen, werfen sich schließlich zum Ausruhen an die erste
beste Örtlichkeit, mag sie an sich noch so ungeeignet sein. Dann findet
man Wasserhühner in Tannendickichten und Teichhühnchen in Garten=
lauben oder offenen Scheunen. Wie schlecht selbst die scharfgesichtigen
Raubvögel schon bei nicht allzu starkem Nebel sehen, das konnte ich
einmal auf der Insel Gran Canaria beobachten. Dort gab es auf dem
Gipfel des Pico Osorio regelmäßig Gabelweihen, und ich hätte gern
einige Stücke für meine Sammlung gehabt. Aber lange Zeit blieben
alle meine Nachstellungen den scharfsinnigen und mißtrauischen Vögeln
gegenüber vergeblich, bis einmal, als ich gerade auf diesem Berge
weilte, plötzlich dichter Nebel einsetzte; da waren auch die Gabel=
weihen wie geblendet und umflogen mich schreiend auf ganz
kurze Entfernung, obwohl ich offen und ohne jede Deckung auf dem
kahlen Gipfel stand, so daß ich in kaum einer halben Stunde mehrere
Stücke erlegen und auf diese Weise meine Sammlung kanarischer
Vögel in der gewünschten Weise ergänzen konnte. Auf der Kurischen
Nehrung fingen sich unter ähnlichen Umständen regelmäßig viele
Vögel in den zum Trocknen ausgespannten Fischernetzen, die sie offen=

bar nicht sehen konnten. Ganze Züge wurden von der gewohnten Richtung längs der Nehrung abgeleitet und kamen aufs litauische Ufer hinüber. Ich muß dabei unwillkürlich immer wieder an die Miß= weisung der Kompaßnadel bei recht starkem Nebel denken, die schon so viele Schiffsunglücke verursacht hat. Irgendein innerer Zusammen= hang zwischen beiden Erscheinungen besteht nach meiner Überzeugung ganz sicherlich, obwohl wir ihn vorläufig nicht ergründen können. Aber vielleicht war doch der alte Middendorff auf dem richtigen Wege, als er den Richtungssinn der Wandervögel mit erdmagnetischen Ein= flüssen in Zusammenhang zu bringen suchte. Die Zunftgelehrten haben ihn freilich dieserhalb verlacht, aber das ist noch lange kein Gegen= beweis.

Durch Sturm und Nebel können also wandernde Vogelscharen unter Umständen nach allen Richtungen der Windrose hin zersprengt und einzelne Stücke weit von der gewohnten Luftbahn abgetrieben wer= den, so daß sie schließlich in Gegenden auftauchen, wo man sonst nie= mals einen Vertreter ihrer Art zu sehen bekommt. Man spricht in solchen Fällen von I r r g ä st e n. Hierher gehört es z. B., wenn plötz= lich am Rhein ein Flug Flamingos erscheint oder eines schönen Tages auf einem schlesischen Teiche ein mächtiger Pelikan herumschwimmt, wenn über dem Hagenbeckschen Tierpark in Stellingen Geier kreisen, wenn auf einem kahlen Felde bei Ludwigsburg ein Papageitaucher gefangen oder gar auf dem Stuttgarter Güterbahnhof ein Wasser= scherer (Puffinus kuhli) ergriffen und in einer belebten Straße Breslaus eine Sturmschwalbe (Thalassidroma pelagica) von einem Fuhrmann mit der Peitsche erschlagen wurde. Immerhin sollte man mit der Bezeichnung „Irrgast" sparsamer und vorsichtiger umgehen, als es gemeiniglich geschieht. Namentlich bei großen Schwimm= und Stelzvögeln wird es sich oft genug nicht um Irrgäste aus freier Natur, sondern um Flüchtlinge aus den Tiergärten und Tierhandlungen handeln, wo solche Vögel ja vielfach in halb freiem Zustande auf den Teichen und Vogelwiesen gehalten werden. Sorgfältige Erkundigun= gen nach dieser Richtung hin erscheinen deshalb bei solchen Vorkomm= nissen stets dringend geboten.— Weiter ist zu bedenken, daß viele solcher „Irrgäste" wahrscheinlich überhaupt zur Zugzeit gar keine so großen Seltenheiten sind, wie man anzunehmen pflegt. Aber wie viele Menschen gibt es denn bei uns, die z. B. genau auf die schwierig zu beobachtenden östlichen Laubsänger= und Rohrsängerarten achten, und sie von den einheimischen Formen zu unterscheiden vermögen? Früher zur Zeit des Dohnenstiegs gelangten sibirische Drosselarten gar nicht selten in unsere Museen. Das hat seit dem an sich ja sehr gerechtfertigten Verbot des Krammetsvogelfanges nahezu aufgehört, aber trotzdem wird niemand behaupten wollen, daß solche Vögel nicht mehr durch Deutschland ziehen, wenn natürlich auch immer in nur geringer Zahl. Es fehlt eben jetzt nur an der Gelegenheit, solche Seitlinge auch zu erwischen. Für gewisse sibirische Drosseln und Laubsänger bedeutet ein Auftreten auf deutschem Boden oder in Helgoland nicht eigentlich ein Abweichen von dem gewohnten Weg oder gar ein Verschlagenwerden, sondern nur ein Hinausschießen über das Ziel auf der großen ostwestlichen Zugstraße. Ich möchte sie deshalb nicht als eigentliche Irrgäste bezeichnen. Selbst amerikanische Arten sind gelegentlich schon in Europa vorgekommen, namentlich in England und auf Helgoland. Auf welchem Wege mögen sie wohl diese ungeheure Entfernung bewältigt haben? Insofern es sich um Wasservögel handelt, die wie etwa die Möwenarten bei nicht allzu bewegter See schwimmend auf dem Meere auszuruhen vermögen, sind sie meines Erachtens sicherlich über den Atlantik zu uns herübergekommen. Verstärkt wird diese Annahme noch dadurch, daß ja umgekehrt auch zwei beringte deutsche Lachmöwen auf der Insel Barbados und an der Südküste des Golfs von Mexiko geschossen wurden, also gleichfalls den Atlantik überflogen und dabei die gewaltige Entfernung von 14 000 Kilometern zurückgelegt haben. In England beringte Dreizehenmöwen sind gleichfalls schon jenseits des Ozeans in Labrador und Neufundland festgestellt worden. Aber auch für Landvögel wie für amerikanische Drosseln halte ich den Flug über das „große Wasser", das ihnen vielleicht doch mehr als der „Ententeich" erscheint, für denkbar, namentlich von der Neuen Welt zur Alten, was ja bei den vorherrschenden Luftströmungen nach den Erfahrungen waghalsiger Flieger ungleich leichter ist als der umgekehrte Weg. Abgesehen davon, daß die Bermudas, die Azoren und verschiedene Felsklippen unterwegs Ausruhegelegenheiten bieten, weiß ja jeder, der selbst einmal eine größere Seereise und insbesondere die Überfahrt von Europa nach Amerika mitgemacht hat, wie häufig rastsuchende Vögel das Schiff umschwärmen und sich schließlich auf ihm niederlassen. Sie blieben dort nur so lange, bis sie wieder frische Kräfte gesammelt und sich an den von gutmütigen Menschen gespendeten Nahrungsbrocken gestärkt hatten, und flogen dann wieder ab, auch wenn noch gar kein Land in Sicht war. Gerade diese meist befahrene Strecke der Welt hat aber einen derartig regen Schiffsverkehr, daß der sie überfliegende Vogel kaum jemals ernstlich wegen Ausruhegelegenheiten in Verlegenheit kommt und bei einigermaßen günstigem Wetter einem frühen Wellen= grab entgehen wird. Natürlich sind und bleiben das immerhin nur seltene Ausnahmefälle, und bei Sturmwetter sind die Vögel dem Untergang verfallen. Da aber nicht nur die kräftigeren Drosseln, sondern auch die zarten Waldsänger Nordamerikas (sogar der dor= tige Eisvogel und die Rohrdommel) gelegentlich nach Europa kom= men, so hat auch die zuerst von Gätke vertretene und dann von der Mehrzahl der Vogelforscher geteilte Ansicht gewiß ihre Berechtigung, daß solche Vögel auch auf dem Landwege zu uns gelangen können, indem sie die schmale Beringstraße übersetzen und dann in Sibirien ständig westwärts ziehen. Freilich kommen dabei noch viel gewaltigere Strecken in Betracht, aber der Flug führt seiner ganzen Ausdehnung nach über offenes und flaches, keinerlei Hindernisse bietendes Ge= lände mit zahllosen guten Futterplätzen, und in solchem Falle gibt es für einen Vogel überhaupt keine Entfernung, die er nicht zu be= wältigen vermöchte. Jedenfalls steht diese Auffassung in Einklang mit dem unverkennbaren „Zug nach Westen", der sich wie ein roter Faden durch das ganze Tierreich einschließlich des Menschen hindurchzieht und vielleicht mit der Erdrotation in Zusammenhang zu bringen ist. Klarheit könnte in diese Sache erst kommen, wenn es einmal gelänge, nordamerikanische Vögel genannter Arten in Sibirien nachzuweisen. Aber wer achtet in den unendlichen Einöden Sibiriens auf kleine, un= scheinbare Vögelchen? Sicher ist es aber andererseits, daß auch unter den Landvögeln wenigstens so ausgezeichnete Flieger, wie es die Regenpfeifer sind, die überhaupt zu den gewaltigsten aller Wanderer gehören, den Flug über weite Meeresstrecken keineswegs scheuen. Allerdings besitzen auch sie die Fähigkeit, sich bei ruhiger See schwim= mend auf der Wasseroberfläche auszuruhen, und sie finden dabei auch wohl etwas Nahrung. Es ist festgestellt, daß z. B. Charadrius domini= cus, ein naher Verwandter unseres Goldregenpfeifers, von Alaska nach den Hawai=Inseln zieht, wobei er von den Aleuten bis Honolulu eine offene Meeresstrecke von 3000 Kilometer zu überwinden hat. Nimmt man an, daß er als einer der schnellsten Flieger 90 Kilometer Eigengeschwindigkeit in der Stunde entwickelt und mit einem Winde

von 10 Sekundenmetern zieht, so würde er zur Bewältigung dieser
Strecke etwa 24 Stunden brauchen. Ich kann mir nicht gut denken,
daß eine solche Flugleistung ohne Ruhepause möglich ist, denn schließ=
lich ist auch der ausdauerndste Vogel kein Motor, sondern ein Ge=
schöpf aus Fleisch und Blut.

Um nochmals auf den Begriff der Irrgäste zurückzukommen, sei
hier noch bemerkt, daß auch Erdkatastrophen, wie Erdbeben und Vul=
kanausbrüche, eine plötzliche Auswanderung der Vogelbevölkerung der
betroffenen Gegend bewirken, und daß dann solche Vögel plötzlich als
unvermutete Irrgäste in weit entfernten Ländern auftauchen können.
Offenbar flüchten die Vögel vor Schreck und Angst halb besinnungs=
los in kopfloser Verwirrung so rasch und so weit, wie ihre Schwingen
sie nur tragen können, und machen nicht eher halt, als bis sie sich
einigermaßen wieder beruhigt haben. So erschienen nach dem furcht=
baren bucharischen Erdbeben des Jahres 1907 zahlreiche Trupps er=
matteter Flamingos in den verschiedensten Teilen Rußlands.

Bei plötzlichem Witterungswechsel wird der Beobachter fast immer
auf einen starken Vogelzug in der einen oder anderen Form rechnen
dürfen, aber andererseits gibt es auch Zeitabschnitte, namentlich solche
mit anhaltend gutem Wetter, wo man von Wandervögeln fast nichts
zu sehen bekommt. Eines schönen Tages sind unsere gefiederten
Freunde eben wieder an ihren Brutplätzen eingetroffen, aber vom
Zuge selbst hat man so gut wie nichts gemerkt. Er hat sich sozusagen
i n s g e h e i m vollzogen. Es muß immer wieder betont werden, daß
wir — von wenigen besonders günstigen Beobachtungspunkten ab=
gesehen — vom Vogelzuge hauptsächlich nur die Unregelmäßigkeiten
und Abweichungen zu sehen bekommen und diese nicht mit dem regel=
rechten Zugverlauf verwechseln dürfen. Ob wohl die Mondphasen
vielleicht auch einen bestimmten Einfluß auf den Vogelzug haben, ins=
besondere auf die Aufbruchzeiten? Spielen vielleicht gar Nordlichter
irgendwie eine Rolle? Oder sonstige Einwirkungen kosmischer Art,
namentlich Sonnenfleckenperioden? Über alle diese Dinge ist noch so
auffallend wenig gearbeitet und beobachtet worden, daß sich derartige
Fragen mit Bestimmtheit weder verneinen noch bejahen lassen und
von einem Eindringen in Einzelheiten vorläufig gar keine Rede sein
kann. Hier müßten Laboratoriumsversuche einsetzen, um die Emp=
findlichkeit lebender Zugvögel gegen Einflüsse verschiedenster Art ge=
nau festzustellen und ihr Verhalten dabei sorgsam zu beobachten. Daß

aber die Vögel im allgemeinen lieber in mondhellen Nächten ziehen werden als in ganz finsteren, erscheint aus naheliegenden Gründen sehr wahrscheinlich.

Weit näher als diese Dinge liegt es freilich für den Vogelzugs= forscher, an eine Beeinflussung des Zugsverlaufs durch den L u f t = d r u ck, insbesondere durch den Verlauf der barometrischen Depressio= nen zu denken, die ja so bestimmend auf die Wetterbildung ein= wirken. Muß doch der Vogel als ausgesprochenes Lufttier gegen Schwankungen und Veränderung des Luftdrucks ganz besonders emp= findlich sein. Indessen ist die Lösung auch dieser Frage kaum erst in Angriff genommen und überhaupt keineswegs so einfach, wie es zu= nächst den Anschein haben könnte. Die Ansichten selbst der Fachmeteoro= logen stehen sich hier vorläufig noch recht schroff gegenüber, und es sind weitere und ausgedehntere Untersuchungen deshalb dringend nötig. Marek glaubt, daß der Beginn des Herbstzuges verursacht werde durch die Vorstöße der barometrischen Maxima von Norden gegen Mittel= und Südeuropa, während umgekehrt Vorstöße des sub= tropischen Barometermaximums gegen Norden den Beginn des Früh= lingszuges auslösen. Der Herbstzug gliedere sich in mehrere Abschnitte, was von den Vorstößen der barometrischen Maxima abhängt. Im Frühling wandern die Zugvögel auf der Äquatorialseite der barome= trischen Depressionen. Unregelmäßigkeiten im Vogelzuge finden hauptsächlich bei veränderlichem Wetter statt, wie es durch eine man= nigfache und wechselnde Luftdruckverteilung hervorgerufen wird. Zu ganz ähnlichen Anschauungen ist auch Hübner auf Grund seiner plan= vollen Beobachtungen des Rotkehlchenzuges in Pommern gelangt. Gallenkamp, der sich hauptsächlich auf die eingehende Beobachtung des Rauchschwalbenzuges in Bayern stützt, fügt noch ergänzend hin= zu, daß weniger die absolute Höhe, als vielmehr die größere oder ge= ringere Gleichmäßigkeit des Luftdrucks maßgebend ist. Auch der Ungar Hegyfoky, dem die gewaltige Datenfülle der „Ungarischen Ornithologischen Zentrale" zur Verfügung stand, nimmt eine starke Beeinflussung des Vogelzuges durch die Witterung und namentlich durch den Luftdruck an, ist aber in den Einzelheiten vielfach zu ab= weichenden Ergebnissen gelangt. Gutes Wetter und steigende Tempe= ratur beschleunigen seiner Auffassung nach im Frühjahr den Vogelzug, während fallende Temperatur und schlechtes Wetter ihn verlangsamen, was ja mit den praktischen Erfahrungen der Jäger und Vogelfänger durchaus im Einklang steht. Längere Zeit anhaltender hoher Luftdruck, der der Sonnenbestrahlung genügend Zeit zur Erwärmung der Erd= oberfläche läßt, hat frühzeitige oder doch wenigstens normale An= kunftsdaten im Gefolge. Auch Depressionen im nordwestlichen Teile Europas mit gleichzeitigem Hochdruck im Südosten sind von ähnlicher Wirkung, während Depressionen im Südosten mit gleichzeitigem Hoch= druck im Nordwesten Verzögerungen des Frühlingszuges hervorrufen. Im ganzen ist Hegyfoky sehr geneigt, die Wärme als den eigent= lichen entscheidenden Witterungsfaktor beim Vogelzug anzusehen, und hier begegnet er sich wieder mit den schon 1855 ausgesprochenen An= schauungen des großen russischen Forschers v. Middendorff.

Dieser hatte seine Vogelzugsstudien im europäischen und asiatischen Rußland angestellt und auf Grund derselben den Begriff der J s e = p i p t e s e n in die ornithologische Wissenschaft eingeführt. Es sind das Linien, welche die Orte gleicher Ankunftsdaten derselben Vogel= art miteinander verbinden, ähnlich wie wir aus der Erdkunde schon längst den Begriff der Jsothermen kannten, also Verbindungslinien von Orten mit gleicher Durchschnittswärme. Daß beide in einem ge= wissen Zusammenhang miteinander stehen, läßt sich schon daraus ent= nehmen, daß sie vielfach parallel zueinander verlaufen. In der Tat sind die Jsepiptesen, die man sehr mit Unrecht in den letzten Jahr= zehnten ganz vernachlässigt hat, eines der ausgezeichnetsten Mittel zur Erforschung des Vogelzugs. Klarer als irgendein anderes lassen sie dessen Abhängigkeit von der Witterung und namentlich vom Fort= schreiten der Wärme sowie vom Erwachen der Pflanzen= und Kerb= tierwelt im Frühjahr erkennen, deutlicher als irgendein anderes die tägliche Flugleistung der Zugvögel verfolgen, unverkennbar das Vor= drängen der westlichen Front und das Zurückbleiben des Ostflügels feststellen. Dies gilt ganz besonders von solchen Vogelarten, die nicht auf mehr oder minder schmalen Zugstraßen, sondern in breiter Front ziehen und deren Weg über große, ebene, von Gebirgen, Wüsten, Meeren und andern schwer zu überwindenden Querriegeln freie Land= massen hinwegführt, wie dies ja in Rußland und Sibirien der Fall ist. Wo freilich das Gelände sehr wechselvoll sich gestaltet und insbesondere von höheren Gebirgszügen durchsetzt wird, die von den Vögeln er= fahrungsgemäß erst erheblich später besiedelt werden als die um= liegenden Ebenen und Hügellandschaften, da verwirren sich die Jse=

piptejen zu jehr, als daß man noch ein klares Bild aus ihnen ge=
winnen könnte.

Fassen wir alles zusammen, was wir nach dem heutigen Stand=
punkte der Zugsforschung über das gegenseitige Verhältnis zwischen
Vogelzug und Witterung wissen, so können wir etwa sagen: die ein=
zelnen Witterungsfaktoren (z. B. Wind) üben an sich keinen sehr
starken Einfluß auf den Vogelzug aus, wohl aber ist ihre G e s a m t =
h e i t, also das, was wir gewöhnlich „Wetter" nennen, für dessen Ver=
lauf vielfach maßgebend, oft sogar entscheidend.

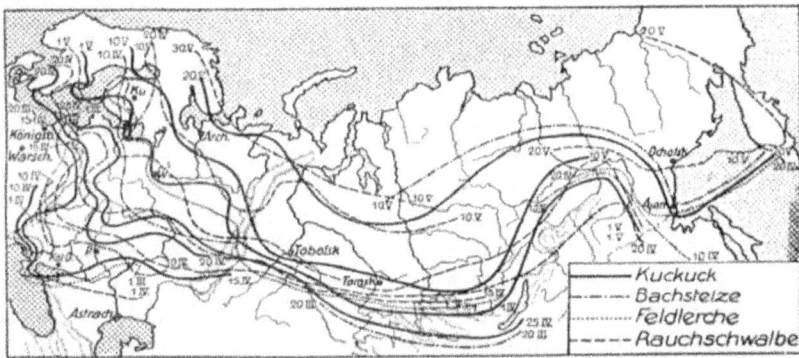

Die Isepiptesen Rußlands
(Linien, welche Orte gleicher Ankunftsdaten derselben Vogelart miteinander verbinden)

Nicht selten kommt es vor, daß im Frühjahr schon eingetroffene
Zugvögel oder die gerade durchziehenden Arten von einem Wetter=
sturz überrascht und womöglich noch in alle Unbilden eines Nach=
winters verwickelt werden. Was tun sie dann, um dieser Not zu ent=
gehen? Auch diese Frage läßt sich so im allgemeinen nicht beantwor=
ten, und sichere Beobachtungen liegen überhaupt nur wenige vor. Der
Laie wird sich ohne weiteres sagen: nun, die Vögel können ja gut
fliegen, sie werden sich also einfach, wenn die Sache zu ungemütlich
wird, wieder der Kraft ihrer Schwingen anvertrauen und wieder ein
Stück südwärts ziehen, wo sie bessere Verhältnisse vorfinden, um hier
abzuwarten, bis sich auch in ihrer Brutheimat die Wetterlage wieder
günstiger gestaltet hat. Das ist nun aber keineswegs der Fall; im
Gegenteil sind solche R ü ck z ü g e verhältnismäßig selten. Am häufig=
sten werden sie noch bei Schwalben beobachtet, namentlich bei den zu=
erst eintreffenden Rauchschwalben, die bei einem Wettersturz oft plötz=

lich wieder verschwunden sind, um erst nach Wochen wiederzukehren, so daß kaum etwas anderes übrig bleibt, als anzunehmen, daß sie sich vor dem schlechten Wetter wieder nach Süden geflüchtet haben. Einen großartigen Rückzug in allen Einzelheiten konnte ich Ende März 1922 im Welzheimer Wald (Württemberg) beobachten, und diese Beobachtung vermittelte so nachhaltige Eindrücke, daß ich hier etwas näher darauf eingehen möchte. Mitte März gab es dort bis zum 18. einige schöne und sonnige, wenn auch kalte Tage. Aber dann setzte ein wahrer Hexensabbat ein. Mehrere Tage hindurch tobte ein abscheuliches Schlackwetter, das am 23. in dichten Schneefall über= ging. Dem Auge bot sich eine vollständige Winterlandschaft, ebenso am 24., wodurch die schon eingetroffenen Vögel in die größte Not ge= rieten. Diese steigerte sich zur Katastrophe, als am 25. früh zu allem Ungemach auch noch starkes Glatteis einsetzte. Es war ein großes Glück, daß die nächste Nacht wieder Tauwetter brachte, denn sonst wäre von den Beständen gewisser Vogelarten wohl nur wenig übrig geblieben. Übel mitgespielt wurden namentlich denjenigen Arten, die ihre Nah= rung auf dem Boden zu suchen gewohnt sind, also Finken, Lerchen, Piepern, Bachstelzen, Rotkehlchen, Drosseln usw., während diejenigen, die, wie Meisen, ihre Nahrung in den Baumwipfeln suchen, viel besser daran waren, ebenso die Gimpel, die an den schwellenden Obstknospen genügend Nahrung fanden. Wie bös das Unwetter in der Vogelwelt gehaust hat, möge der Umstand beweisen, daß ich allein auf der kaum drei Gehminuten langen Strecke vom Bahnhof bis zum Wirtshaus im nahen Schlechtbach am 25. bei einer einzigen Begehung und ohne son= derlich zu suchen, tot aufgefunden habe: 7 Buchfinken, 2 Bergfinken, 7 Rotkehlchen, 1 Zilpzalp, 1 Feldlerche, 1 Heidelerche, 5 Bachstelzen, 1 Baumpieper und 8 Singdrosseln. Meine Sekretärin hatte in diesen Tagen alle Hände voll zu tun mit dem Abbalgen der aufgesammelten Vögel, obgleich nur die allerschönsten zum Präparieren bestimmt wur= den. Ein wahrhaft herzzerreißender Anblick bot sich mir, als ich am Nachmittag des 24. März von Rudersberg nach dem nur 10 Minuten entfernten Oberndorf ging. Zu seiten der Fahrstraße ziehen sich hier kleine Abzugsgräben hin, und in diesen wimmelte es buchstäblich von halbverhungerten Vögeln. Auf Schritt und Tritt scheuchte man sie auf, wobei die noch kräftigeren auf den nächsten Baum flatterten, die schwächeren aber gleichgültig sitzen blieben und sich fast mit Händen greifen ließen. Hauptsächlich handelte es sich um Stare, Drosseln,

Rotkehlchen, Goldammern und Bergfinken, aber auch einige Hecken=
braunellen waren dazwischen. Es war ein wahrer Jammer! Natürlich
hatten die Hauskatzen und die zahlreichen Fixköter gute Zeit und
schwelgten in Mordlust und Vogelbraten, und auch die Krähen fanden
einen gedeckten Tisch. Bedenkt man, daß doch nur ein ganz geringer
Prozentsatz der umgekommenen Vögel auch aufgefunden und von
diesen wiederum nur ein geringer Teil mir eingeliefert wurde, so
müssen die Verheerungen, die dieser verhängnisvolle Wettersturz
dem Bestand bestimmter Arten zugefügt hat, als ganz entsetzlich be=
zeichnet werden, was namentlich von den lieblichen Rotkehlchen und
Bachstelzen gilt. Sehr arg mitgenommen wurden die Buchfinken:
stellenweise lag ein Dutzend Leichen beisammen, und alle hatten Kropf
und Magen völlig leer bei stark abgemagertem Körper. Seltsam aber
muß es erscheinen, daß ebenso stark auch die Bergfinken litten, die
man als ausgesprochene Nordländer eigentlich für härter hätte halten
sollen. Den ganzen Winter über war diese Vogelart nur in mäßiger
Zahl vertreten gewesen, aber zur Zeit der Wetterkatastrophe war sie
plötzlich in Unmassen da. Allem Anschein nach ist ein riesiges Berg=
finkenheer durch das westliche Deutschland auf der Rückkehr nach
seiner nordischen Heimat begriffen gewesen, als es von dem Unwetter
überrascht wurde und sich unter dessen grausamem Druck in eine An=
zahl kleinerer, aber noch immer sehr vielköpfiger Abteilungen zer=
splitterte. Hiermit stimmen auch die mir zugegangenen Meldungen
aus anderen Teilen des Landes gut überein. Als Tauwetter eintrat,
zogen die Trümmer des Bergfinkenheeres sofort weiter, nur Ver=
sprengte und Nachzügler blieben zurück. Noch weit über unser Neckar=
land hinaus hat sich die gleiche Erscheinung geltend gemacht, wie mir
z. B. aus Westfalen berichtet wurde. — Ähnlich wie bei den Finken
verhielt es sich bei den Drosseln, indem auch hier eine nordische Art,
nämlich die Weindrossel, eine fast ebenso umfangreiche Verlustliste
aufzuweisen hatte wie die Singdrossel. Diese Vögel bekunden merk=
würdigerweise wenig Widerstandsfähigkeit. Seltener wurden Feld=
und Heidelerchen aufgefunden, und Rauchschwalben, Wendehälse und
Hausrotschwänzchen sowie Laubsänger waren während des Wetter=
sturzes plötzlich verschwunden, haben also offenbar einen Rückzug an=
getreten. Schon am 22. März sah ich große Vogelscharen, anscheinend
hauptsächlich Feldlerchen, das Wieslauftal abwärts nach Süden ziehen,
um bei Schorndorf das Remstal zu erreichen und durch dieses dann

den Anschluß an das Neckartal zu gewinnen. Es war, als hätten diese flüchtenden Vögel eine Vorahnung von dem am nächsten Tage ein= setzenden Schneesturm. Vom Neckartal strebten sie nach dem Boden= seegebiet, und wunderbar paßt hierzu ein Bericht meines damaligen Assistenten, Herrn Bernhoft=Osa, den ich zu gleicher Zeit in Langen= argen am Bodensee stationiert hatte. Während die Zugverhältnisse dort im allgemeinen enttäuschten, zog doch am 22. März ein ununter= brochener Schwarm von Kleinvögeln längs der Küste, und mitten im Dorf suchten sich nicht nur solche Singvögel, sondern auch Bekassinen, Kiebitze und Rotschenkel ihre Nahrung. Am 24. war dieser flüchtende Rückzug beendigt, und man fand viele matte und umgekommene Vögel. Die Zugrichtung war nach Westen, ging also nach dem Rhein= knie bei Basel, von wo dann längs des Jura die bekannte große Zug= straße nach dem Rhonetal führt. In großartiger Weise werden diese Mitteilungen weiter ergänzt durch einen Bericht aus Basel, wo am 24. März ein Massenrückzug beobachtet wurde, der sich gleichfalls Hals über Kopf und ausgesprochen fluchtartig vollzog. Die Vogel= mengen waren so groß, wie sie selbst an dem Vogelzugsknotenpunkt Basel bisher nie beobachtet wurden. Sogar ausgesprochene Nicht= wanderer, wie Amseln, hatten sich der allgemeinen Flucht angeschlossen, woraus wieder einmal hervorgeht, wie fortreißend das Beispiel in der Vogelwelt wirkt, die ja sehr auf Nachahmung eingestellt ist. Die sonst gewahrte Zugsordnung wurde bei der Hast dieser Flucht völlig außer acht gelassen, und alle eilten stumm dahin, ohne daß die sonst üblichen Lockrufe hörbar wurden. In langen, oft viele hundert Meter messen= den Ketten und in umfangreichen Wolken, die von einer Unmenge regellos flüchtender Einzelreisender durchflogen und begleitet waren, enteilten die sonst so daseinsfrohen Sänger der dem Winter zurück= gegebenen Heimat. Ein Zug folgte ununterbrochen dem andern, und so weit der Blick in die Ferne reichte, war überall dieses außergewöhn= liche und großartige Schauspiel festzustellen. Unzählige Flüchtlinge werden unterwegs zugrunde gegangen sein, da sie mit leerem Magen die Reise antreten mußten. Die Zusammenstellung Welzheimer Wald —Bodensee—Basel deckt nicht nur in interessanter Weise den Ver= lauf einer wichtigen südwestdeutschen Zugstraße auf, sondern sie be= weist vor allem schlagend, daß es in der Tat im Frühjahr unter be= sonderen Verhältnissen zu großen Rückzügen der schon eingetroffenen Zugvögel kommen kann, eine Tatsache, die bisher von manchen Vogel=

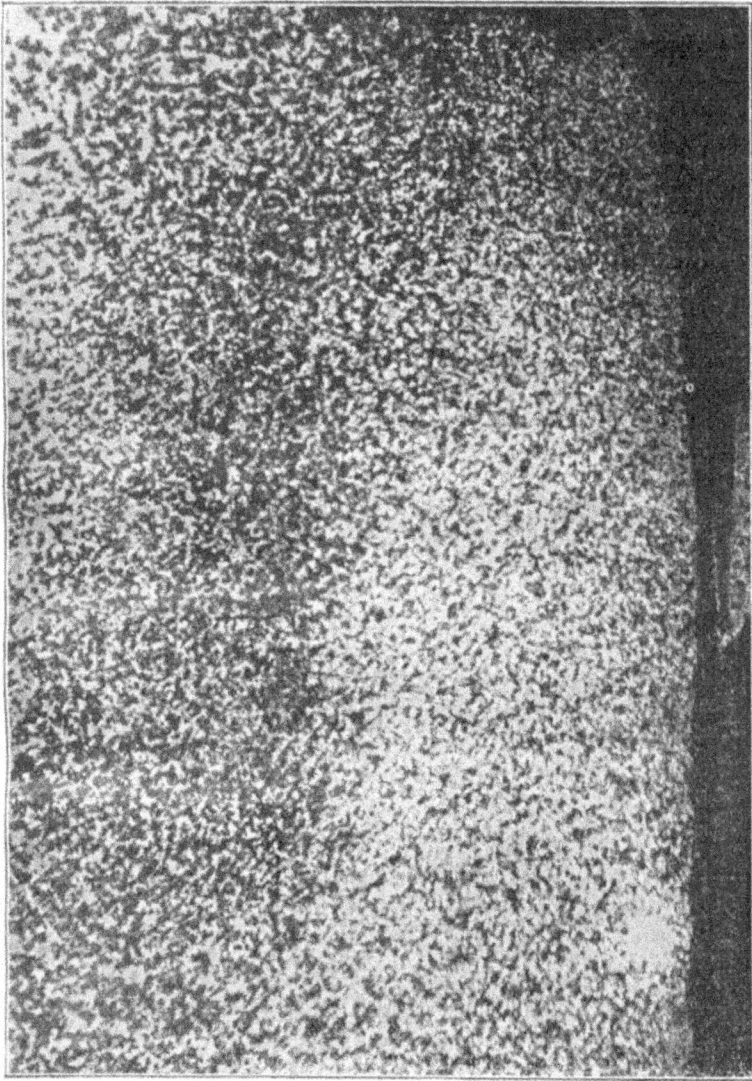

Maſſen-Vogelzug — eine ſeltene photographiſche Aufnahme

forschern lebhaft bestritten wurde. Zugleich sehen wir, daß solche Rück=
züge einen wesentlich anderen Charakter tragen als die regelrechten
Wanderungen.

Warum vertrauten sich nun aber nicht auch die Buchfinken, die
Mehrzahl der Rotkehlchen usw. der Kraft ihrer Schwingen an, son=
dern harrten lieber aus, um teilweise elend zu verhungern? Diese
Frage ist schwer zu beantworten, aber vielleicht kommt man der Lösung
des Rätsels näher, wenn man sich vergegenwärtigt, daß es sich bei
den ausharrenden Arten um solche handelt, die zu den frühesten An=
kömmlingen zählen und deren Zugzeit schon beendigt, deren Zug=
instinkt also bereits im Erlöschen begriffen war, bei den zurück=
ziehenden dagegen um solche, die eben erst eingetroffen waren oder
noch weiter ziehen wollten, die also noch von lebhaftem Zugtrieb be=
sessen waren und bei denen die Wetterkatastrophe mitten in die ge=
wohnte Zugzeit hineinfiel. Daß Bergfinken und Weindrosseln zwar
nicht weiter nach Norden zogen, aber auch nicht nach Süden, sondern
bei der Raststation dem Winter trotzen wollten, ist wohl auf ihren
besonders lebhaften Drang nach Norden zu den noch weit entfernten
heimischen Brutgefilden zurückzuführen.

Nicht nur die Launen des Wetters und die Grausamkeit der Natur
bedrohen den Vogel auf seiner weiten Reise mit unzähligen Ge=
fahren, sondern vor allem auch der Erzfeind alles Tierlebens, der
unersättliche Mensch. Auf Schritt und Tritt umlauert die gefiederten
Reisenden der Tod, auf jeder Haltestelle erwartet sie dräuendes Ver=
derben. Schon in Mitteleuropa locken stellenweise noch immer die ver=
führerischen roten Ebereschenbeeren neben den tückischen Roßhaar=
schlingen, kracht die Schrotspritze des Jägers an der von Ebereschen
eingerahmten Landstraße, denen man absichtlich ihren Beerenschmuck
noch beließ, sind die Disteln auf den kahl gewordenen Feldflächen mit
Leimruten besteckt, geraten die Tauchenten an der Küste und auf
Seen in die unter dem Wasser errichteten Netze der Fischer, macht der
Auchjäger rücksichtslos Dampf auf alles, was groß oder auffallend oder
schön oder ungewöhnlich oder auch nur überhaupt ihm fremd ist. Jen=
seits der Alpenkette sitzt an den beflogensten Paßstraßen der mord=
gierige Italiener neben seinem übel berüchtigten Vogelherd, dessen
Netze gleich Dutzende von Vögeln auf einmal decken, werden die fröh=
lichen Sänger korbweise in gerupftem Zustand zu Markt gebracht.
In allen Mittelmeerländern, die ja so arm sind an Wald und Wild,

ist die Vogeljagd der beliebteste Sport, und an allen Ecken und Enden,
wo überhaupt nur ein armseliges Vögelchen sich blicken läßt, knattern
die Flinten. An den Küsten von Neapel, Sizilien, Dalmatien, Süd=
frankreich, Spanien, Nordafrika und Syrien steigert sich dies Gewehr=
feuer namentlich beim Eintreffen der großen Wachtel=, Schnepfen=,
Lerchen= und Turteltaubenzüge derart, daß man glaubt, einem leb=
haften Gefecht beizuwohnen, und sogar weit ins Meer hinaus fahren
zahllose Boote, angefüllt mit schießlustigen Jägern, den armen Wan=
derern entgegen. Am Strande selbst sind auf viele Meilen lange Strek=
ken hin große Doppelnetze ausgespannt, in denen sich die ermüdeten
Vögel verfangen, und was auch hier noch durchkam, wird von der
hoffnungsvollen Jugend mit sicher gezielten Steinwürfen und rohen
Knüppelhieben zur Strecke gebracht. Die afrikanischen Winterquar=
tiere selbst bergen neue Gefahren in Gestalt unbekannter Raubtiere
und Schlangen, und der Pfeil des Buschmanns oder Negers bringt
manchem ·größeren Vogel den Tod. Wohl locken Massen von hüpfen=
den Heuschrecken zu leckerem Schmause, aber diese Mahlzeit ist oft zu=
gleich die letzte, denn sie birgt qualvollen Tod, wenn die Heuschrecken=
schwärme vom Menschen mit Arsenik vergiftet wurden, wie es jetzt
zur wirksamen Bekämpfung der Heuschreckenplagen fast überall ge=
schieht. In den Kulturländern verunglücken unzählige Wandervögel
an den die ganze Landschaft überspinnenden Telegraphendrähten
oder rennen sich an den Scheiben der verwirrend durch die finstere
Nacht blitzenden Leuchttürme den Schädel ein. Wahrlich, vergegen=
wärtigt man sich das alles, so kann man sich eigentlich nur darüber
wundern, daß überhaupt noch so viele Vögel im Frühjahr in die alte
Brutheimat zurückkehren.

Über h ö h e und Schnelligkeit d e s V o g e l z u g e s hat man sich
früher sehr übertriebenen Vorstellungen hingegeben. Astronomen
wollen bei Fernrohrbeobachtungen vor der Sonnenscheibe oder vor
dem Monde ziehende Vögel gesehen haben, die sich mindestens in
einer Entfernung von einer geographischen Meile von der Erdober=
fläche befanden. Ich halte alle solche Beobachtungen aus den gleich zu
entwickelnden Gründen für optische oder sonstige Selbsttäuschungen.
Namentlich hat Gätke mit großem Nachdruck die Meinung verfoch=
ten, daß der eigentliche Vogelzug sich in unermeßlichen Lufthöhen
vollziehe, so daß wir Menschen fast nichts von ihm gewahr werden.
Hier ist die Einbildungskraft des Künstlers (Gätke war von Beruf

Maler) offenbar mit der nüchternen Beobachtungsgabe des Natur=
forschers durchgegangen. Seine Schilderungen von dem in Höhen von
10—12 000 Meter sich mit rasender Geschwindigkeit vollziehenden
Vogelzug lesen sich in ihrer dichterischen Verklärung wunderschön,
aber der Wahrheit entsprechen sie nicht. Wenn wir uns vergegenwär=
tigen, welch dünne Luft und welch eisige Kälte in solchen Höhen herr=
schen, dann werden wir von vornherein sehr daran zweifeln, daß selbst
die fluggewandtesten Vögel unter solchen Umständen die gewaltige
Arbeit des Wanderfluges leisten können. Als Paradestück wird ja
immer der Kondor angeführt, den Alexander v. Humboldt hoch über
dem Gipfel des Chimborasso kreisen sah, aber dabei vergißt man
eben, daß der Kondor ein ausgesprochener Hochgebirgsvogel und den
Verhältnissen in den höheren Luftschichten besonders angepaßt ist.
In neuerer Zeit hat das Experiment ziemliche Klarheit in diese Frage
gebracht. So hat der französische Physiologe Paul Bert Vögel unter
die Luftpumpe gesetzt, um zu sehen, inwieweit sie sich der Verminde=
rung des Luftdruckes, wie sie in großer Höhe zutage tritt, anzupassen
verstehen bzw. ihr gewachsen sind. Es stellte sich heraus, daß z. B.
Sperlinge bei einem Luftdruck von 388 Millimeter, der einer Höhe
von 5000 Meter entspricht, bereits Erbrechen bekamen. Bei 7500
Meter waren sie sehr matt und bei 9800 Meter, d. i. 203 Millimeter
Luftdruck, lagen sie im Sterben. Bei Lachmöwen setzte das Erbrechen
ein bei 348 Millimeter Luftdruck = 5800 Meter. Bei 6450 Meter
wurden die Möwen bereits taumelig, bei 9800 Meter schlossen sie er=
schöpft die Augen, und bei 10 400 Meter waren sie dem Tode nahe.
Sogar ein Turmfalke, also einer der gewandtesten Flieger, erbrach
bei einem Luftdruck, der einer Höhe von 7500 Meter entsprach, war
bei 9800 Meter völlig erschöpft und wäre bei 10 800 Meter ver=
endet, wenn nicht die Luftpumpe im letzten Augenblick wieder ge=
öffnet worden wäre. Der Versuch zeigt auch, daß das Verhalten ver=
schiedener Vogelarten gegenüber vermindertem Luftdruck nicht allzu
abweichend ist, und daß eine Höhe von mehr als 10 000 Meter von
keinem Vogel erreicht werden kann. Schon eine Höhe von 5—7000
Meter ruft Störungen im Befinden der Vögel hervor. — Nun kommt
aber zu der Luftverdünnung in großer Höhe noch eine sehr rasche Tem=
peraturabnahme hinzu, und auch diese wurde von Bert in ihrer Ein=
wirkung auf den Vogel durch Versuche nachgeprüft. Es zeigte sich, daß
die Temperaturabnahme die Widerstandsfähigkeit des Vogels gegen

verminderten Luftdruck stark herabsetzt. Das ließ sich schon bei einem Temperaturunterschied von plus 6,5 und minus 4 Grad Celsius nach-weisen, und wenn wir nun bedenken, daß über Europa in 3000 Meter Höhe eine Mitteltemperatur von minus 7 Grad herrscht, bei 4000 Meter eine solche von minus 13 Grad und bei 5000 Meter gar von minus 18 Grad, so kann man sich leicht vorstellen, wie ungemütlich dem Vogel in solcher Höhe zumute sein muß. Dazu kommt als weiteres er-schwerendes Moment die Arbeitsleistung des Vogels während des Fluges. Von Fliegern und Ballonfahrern wissen wir, daß jede körper-liche Anstrengung unter geringem Luftdruck unmöglich wird: bei 10 000 Meter gelingt es kaum noch, die Hand zum Ventil zu erheben, und die allergrößte Tatkraft ist nötig, um auch nur die einfachste Bewegung auszuführen. Wie soll nun da ein Vogel in solchen Höhen seine großen Brustmuskeln beim Fluge in ständiger anstrengender Tätigkeit erhalten können? Die Vögel sind also keineswegs die un-beschränkten freien Segler der Lüfte und Beherrscher des freien Raumes, wie sie sich unsere Einbildungskraft gerne vorstellt. Ein Vogelzug in so hohen Lagen, wie Gätke sie angab, ist schon aus rein physischen Gründen unmöglich.

Gätke hat aber auch bei seinen Entfernungsschätzungen fliegender Vögel aus mangelnder Schulung sehr stark geirrt, wenn er z. B. einen noch als winziges Staubkörnchen über Helgoland sichtbaren Sperber in 3000 Meter Höhe fliegen läßt oder einen als Punkt im Wolken-meer verschwimmenden Mäusebussard auf 3600 Meter, Kraniche unter gleicher Bedingung gar auf 4500—6000 Meter. Hier hat F. v. Luca-nus, der als Offizier selbst viele Ballonfahrten mitgemacht hat, gleich-falls durch unanfechtbare Versuche die Unhaltbarkeit der Gätkeschen Ansicht bewiesen. Lucanus verfuhr so, daß er in fliegender Stellung ausgestopfte Vögel von einem Ballon mit hochnehmen ließ, wobei die Vögel an einer 10 Meter langen Schnur unter dem Ballon aufgehängt wurden. Auf dem Erdboden stand ein scharfsichtiger Beobachter und gab an, wenn die Flugbilder der einzelnen Vögel gerade noch als solche sichtbar waren, wenn sie nur noch als Punkt erschienen und wenn sie dem Auge vollständig entschwanden. Der Ballon war mit Einrichtungen versehen, um in diesen Augenblicken die Höhe genau feststellen zu können. Das Flugbild des Sperbers war auf diese Weise bei 250 Meter noch deutlich sichtbar, bei 650 Meter erschien es als Punkt und schon bei 850 Meter war die Sichtbarkeitsgrenze erreicht, während Gätke beim sichtbaren Sperber 3000 Meter Höhe annahm. Ähnlich verhielt es sich bei der Saatkrähe (Sichtbarkeitsgrenze 1000 Meter, als Punkt erkennbar 800 Meter, als Flugbild erkennbar 300 Meter) und bei allen anderen geprüften Vögeln. Ferner wissen wir aus den Angaben von Ballonfahrern und Fliegern, daß sie in großer Höhe, insbesondere über der Wolkendecke, so gut wie niemals Vögel angetroffen haben, sondern stets nur in sehr mäßiger Höhe unter der Wolkendecke. Auch diese Erscheinung hat Lucanus nachgeprüft, indem er Vögel von Ballonfahrern möglichst hoch, jedenfalls über die Wolkendecke, mitnehmen ließ. Dort ließ man sie fliegen, und es zeigte sich, daß sie zunächst planlos herumirrten und den Ballon aufgeregt und verschüchtert umflogen. Wenn dann aber ein Loch in die Wolkendecke gerissen wurde, so daß unter ihr die Erdoberfläche zum Vorschein kam, dann stürzten sich die Vögel sofort durch dieses Wolkenloch erdabwärts, wo sie die Umgebung sehen konnten. Da die Vögel oder wenigstens die Tagwanderer auf ihrem Zug hauptsächlich vom Gesicht geleitet werden, so liegt es ja auf der Hand, daß sie die Erdoberfläche möglichst gut überschauen wollen, daß es also für sie nicht den geringsten Vorteil hätte, sondern nur von großem Nachteil wäre, wenn sie die Wolkendecke übersteigen und sich dadurch jeder Aussicht nach unten berauben würden.

Im großen und ganzen wird man sagen dürfen, daß ziehende Vögel eine Höhe von 1000 Meter nur selten überschreiten, und daß die Höchstgrenze schon bei 2000 Meter liegt. Gewöhnlich vollzieht sich der Zug in einer Höhe von nur wenigen hundert Metern, und ganz besonders niedrig, sogar unter 100 Meter und selbst auf Schrotschußentfernung geht er bei trübem, verschleiertem und diesigem Wetter herab, weil dieses das Sehen auf größere Entfernung behindert und der Vogel das Landschaftsbild unbedingt überblicken will und muß. Die über die Kurische Nehrung ziehenden Vögel fliegen dann das Dünen- und Kupsengelände mit all seinen Hebungen und Senkungen ganz gewissenhaft aus. Senken sich die Wolken tiefer, so geht auch der Vogelzug sofort weiter zur Erde herab, wie ich dies unzähligemal beobachten konnte. Am höchsten fliegen die Vögel jedenfalls bei wolkenlosem und klarem Wetter, namentlich wenn dabei in den höheren Luftschichten eine für sie günstige Windrichtung herrscht. Treffend sagt Lucanus: „Nicht in unermeßlichen Höhen, wo Sauerstoffmangel, niedriger Luftdruck, gewaltige Windstärke und eisige Kälte jedem

Lebewesen den Aufenthalt unmöglich machen, liegen die Zugwege der Vögel, sondern unweit der Erde, an welche die Vögel trotz ihres Flug= vermögens ebenso gefesselt sind, wie alle anderen Lebewesen."

Ebenso arg wie bei der Zughöhe hat Gätke in seinem schönen Buch „Die Vogelwarte Helgoland" bei der Z u g s c h n e l l i g k e i t daneben geschossen. Er stützte sich dabei vor allem auf seine Erfah= rungen mit dem Rotsternigen Blaukehlchen, das an gewissen Früh= lingsmorgen plötzlich zu Hunderten in Helgoland herumzuwimmeln pflegt. Da nun in Ägypten viele Vögel dieser Art überwintern, sie aber auf dem Durchzug auf dem europäischen Festlande nur wenig beobachtet werden, nahm Gätke etwas willkürlich an, daß diese kleinen Vögelchen, die durchaus nicht zu den hervorragenden Fliegern gehören, in einer einzigen neunstündigen Frühlingsnacht die ganze ungeheure Strecke von Ägypten bis Helgoland zurücklegen, da die rote Felsinsel offenbar ihre erste regelmäßige Raststation sei; das wären also fast 3000 Kilometer Luftlinie innerhalb 9 Stunden, wozu eine Flugge= schwindigkeit von 91,5 Sekundenmetern erforderlich wäre, etwa vier= mal soviel wie bei einem Schnellzug. Das klang allerdings ganz un= glaublich und märchenhaft und mußte Zweifel an der Richtigkeit der Gätkeschen Berechnung hervorrufen, zumal man wußte, daß bei einem großen Wettflug von Berlin nach Köln die schnellste Brief= taube immerhin 5 Stunden und 27 Minuten zur Bewältigung der 474 Kilometer langen Flugstrecke nötig hatte, also in der Minute nur 1445 Meter zurücklegte. Aber ein Gegenbeweis fehlte zunächst. Ich konnte ihn auf meiner Marokkoreise erbringen, indem ich fest= stellte, daß auch an der Westküste Marokkos massenhaft Blaukehlchen durchziehen, und daß diese mit den Helgoländern identisch sind, nicht aber die am Nil überwinternden. Dieser Beweis ließ sich lückenlos ge= stalten, weil wir in Skandinavien zwei verschiedene und gut zu unter= scheidende Blaukehlchenrassen haben, nämlich eine östlich=schwedische (Erithacus svecicus svecicus) und eine westlich=norwegische (Erithacus svecicus gaetkei). Nur jene finden wir im Winter am Nil, während die Norweger über Helgoland, Holland, Frankreich und Spanien nach Nordwestafrika ziehen. Da also die Ägypter unmöglich mit den Helgo= ländern identisch sein können, bricht Gätkes kühne Hypothese von der wunderbaren Flugleistung der Blaukehlchen vollständig in sich zu= sammen. Seine Auffassung von der fabelhaften Fluggeschwindigkeit der Zugvögel ist dann aber später auch durch genaue Beobachtungen und Messungen widerlegt worden. So ermittelte J. Thienemann, der auf der kahlen Kurischen Nehrung die beste Gelegenheit dazu hatte, die Zeiträume, die die beobachteten Zugvögel nötig hatten, um eine gut zu überblickende Nehrungsstrecke von 500 Meter zu überfliegen, und stellte daraufhin für einige Vogelarten weitere Berechnungen an. Es ergab sich dabei für Nebelkrähen, die ja ziemlich schwerfällige Flieger sind, eine durchschnittliche Eigengeschwindigkeit von 13,9 Sekundenmetern, was also für die Minute 834 Meter und für die Stunde 50,04 Kilometer ausmachen würde. Bei Dohlen stellten sich diese Zahlen mit 17,1 Sekundenmeter, 1062—1236 Meter, sowie 61,56—74,16 Kilometer schon erheblich höher. Stare brachten es gar auf 74,16 Kilometer und selbst Kreuzschnäbel auf 59,76 Kilometer in der Stunde, während für den Wanderfalken auch nur 59,22 Kilometer angegeben werden, für den Sperber sogar nur 41,4 Kilometer, wobei ich aber fast an einen Beobachtungsfehler glauben möchte. Die Thienemannschen Tabellen kranken allerdings für ihre Auswertung daran, daß sie gerade für die besten Flieger wie Segler, Schwalben und Regenpfeifer keinerlei Daten enthalten. Man würde zwar bei solchen Vogelarten aller Wahrscheinlichkeit nach auf erheblich höhere Zahlen kommen, aber so viel steht doch heute schon fest, daß die Stundengeschwindigkeit der Zugvögel über 90 oder höchstens 100 Kilometer kaum jemals hinausgeht, also im Durchschnitt bestenfalls die eines guten Schnellzugs nur ausnahmsweise überschreitet, sehr häufig aber stark hinter ihr zurückbleibt. Man kann sich davon oft vom Fenster des Eisenbahnwagens aus überzeugen, wenn z. B. ziehende Krähen parallel zum dahinbrausenden Schnellzug fliegen: sie werden bald überholt. Auch vom Kraftwagen aus, dessen Geschwindigkeit man ja jederzeit ablesen kann, lassen sich mitunter sehr lehrreiche Beobachtungen über die Schnelligkeit, fast hätte ich gesagt Langsamkeit des Vogelzuges machen. Bei alledem ist freilich fest im Auge zu behalten, daß es sich nur um Flugleistungen eben beim regelrechten Zug handelt, der stundenlang ununterbrochen andauert, denn in Einzelfällen und für kürzere Zeit können die Vögel auch sehr viel höhere Geschwindigkeiten entwickeln, so etwa beim blitzschnellen Stoßen eines Wanderfalken nach seiner Beute.

Wir dürfen uns den Vogelzug und namentlich den Herbstzug keineswegs so vorstellen, als ob die Vögel mit Aufgebot aller Kräfte jählings durch die Lüfte stürmten, um ihr Endziel so rasch wie möglich

zu erreichen. Er gleicht vielmehr einem ganz gemütlichen Bummeln,
bei dem man sich weder überanstrengt, noch übereilt. Weder wird der
Flug bis zur Grenze des Möglichen beschleunigt, noch wird er bis zur
Erschöpfung ausgedehnt. Es ist ja für gewöhnlich auch gar kein be=
sonderer Grund zur Eile vorhanden, denn der Aufbruch erfolgte so
frühzeitig, daß auf den zahlreichen Raststationen überall noch Futter

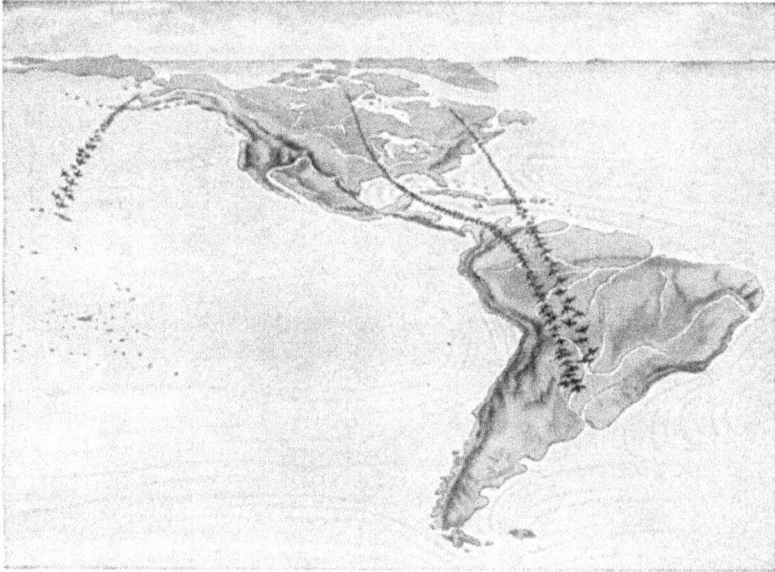

Flugleistungen einiger Zugvögel I
Der amerikanische Goldregenpfeifer zieht von Alaska über die Aleuten nach Honolulu; muß
also eine ungeheure Strecke über das offene Meer fliegen. Dieselbe Vogelart zieht von
Labrador über den Atlantik bis in die Pampas von Argentinien und kehrt dann im Früh=
jahr durch das Mississippital zurück

in Hülle und Fülle vorhanden ist, das gefiederte Völkchen also durch
die Ernährungsfrage kaum in Schwierigkeiten geraten kann. Sagt
ihm eine Raststation aus irgendwelchen Gründen besonders zu und
bietet sie einen recht reichlich und gut gedeckten Tisch, so bleibt es
tage= und wochenlang dort, freut sich ungestört seines lustigen
Wanderlebens und läßt sich's gut sein, bis endlich die ersten ernstlichen
Nachtfröste zur Weiterreise mahnen und ein etwas beschleunigteres
Tempo erzwingen. Widrige Winde, Stürme und Nebel verursachen
auch unfreiwillige Anstauungen und Ruhepausen, die dann besonders

im Frühjahr durch größere Eile einigermaßen wieder ausgeglichen werden müssen. Die Tagwanderer brechen in der Regel gleich nach Sonnenaufgang auf und fliegen bis gegen Mittag, worauf sie an einem geeigneten Platze haltmachen, um den Nachmittag zur Nahrungssuche und die Nacht zum Ausruhen und Schlafen zu verwenden. Die Nachtwanderer beginnen ihre Reise in der Abenddämmerung

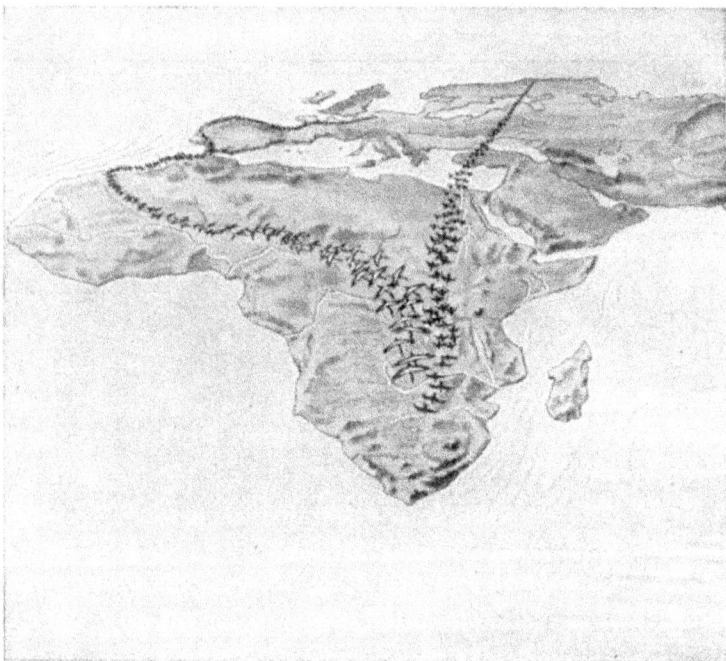

Flugleistungen einiger Zugvögel II

Manche skandinavische Vögel dehnen ihre Wanderung bis ins südafrikanische Steppengebiet aus. Ebendort endet auch die westliche Zugstraße des Storches, nachdem sie einen großen Umweg beschrieben hat

und beenden sie beim ersten Morgengrauen, fressen und rasten also umgekehrt am Tage. Zu jenen gehören z. B. Kraniche, Störche, Gänse, Raubvögel, Finken, Segler, Schwalben und Wachteln, zu diesen Reiher, Eulen, Schnepfen, Erdsänger, Rotschwänzchen, Grasmücken, Drosseln, Rohrsänger, Rallen und Taucher, und im allgemeinen kann man sagen, daß die Tagwanderer geselliger ziehen als die nächtlichen Reifenden. Jeder aufmerkfame Jäger weiß ja, daß der Schnepfenzug erſt nach dem Aufgang des Abendſterns einſetzt, und daß die Droſſeln bei Tagesanbruch hungrig im Dohnenſtieg einfallen. Es wird nur ſehr wenige Vogelarten geben, die bei der Wanderung länger als 6—8 Stunden in der Luft bleiben, aber viele, die ſich die Sache noch bequemer machen und ſich, wenigſtens im Herbſt, mit etwa

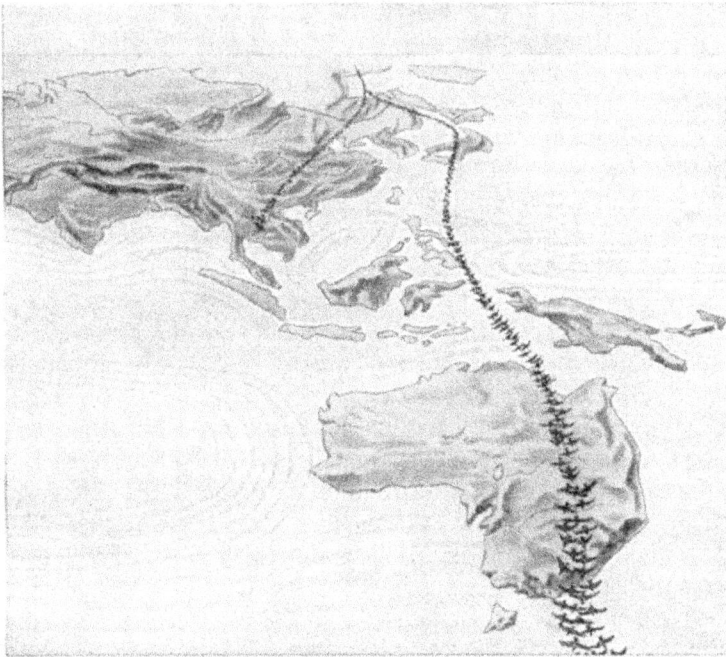

Flugleiſtungen einiger Zugvögel III
Der oſtſibiriſche Regenpfeifer iſt wohl der allergrößte Wanderer, denn er zieht über Japan, die Südſee, Auſtralien, z. T. bis Neuſeeland!

4 Stunden täglicher Flugleiſtung begnügen. So beſchränkt ſich der Storch, deſſen Zugverhältniſſe ja beſonders gut erforſcht ſind, auf eine tägliche Durchſchnittsleiſtung von etwa 200 Kilometer, wozu er, wenn wir ſeine Fluggeſchwindigkeit mit nur 50 Kilometer in der Stunde annehmen, höchſtens 4 Stunden gebrauchen würde. Zu ſeinem ganzen Bummel von Norddeutſchland bis Südafrika benötigt er rund

80 Tage. Zweifellos könnte Freund Adebar auch viel schneller reisen, wenn er nur wollte, aber er verspürt gar keine Lust dazu, denn er ist ein bequemer Herr und durchaus kein Freund überflüssiger Anstrengungen, und schließlich schmecken die fetten Frösche am Nil ebenso gut wie die dürren Heuschrecken im Burenlande. Der Frühlingszug spielt sich allerdings bedeutend rascher und hastiger ab als der Herbstzug, denn dann werden die Vögel von der süßen Peitsche des Paarungstriebes unablässig und unwiderstehlich vorwärts getrieben. Der Storch macht dann seinen Rückweg in nur 25 Tagen, muß also täglich mindestens 400—500 Kilometer bewältigen, das Doppelte wie im Herbst.

Schlechte Flieger müssen sich freilich auch schon bei geringen Entfernungen gewaltig anstrengen und kommen deshalb in oft stark erschöpftem Zustande an den jeweiligen Rastplätzen an. An der marokkanischen Küste konnte ich mehrfach die Ankunft großer Wachtelzüge beobachten. Man merkte den Vögeln, die ganz niedrig und mit hastigen Schlägen der kurzen Flügel über das ruhige Meer strichen, die Übermüdung schon von weitem an. Am Strande angelangt, fielen sie wie Steine aus der Luft herunter und blieben eine ganze Weile unbeweglich liegen, eine leichte Beute für die sich bald ansammelnden Araberjungen. Stücke, die ich abbalgte, hatten eine von der Überanstrengung ganz entzündete Brustmuskulatur. Wer dächte da nicht an den biblischen Wachtelregen im Lager der Kinder Israels? Als sich die Vögel endlich von ihrer Betäubung etwas erholt hatten, suchten sie bessere Deckung weiter landeinwärts, aber nur laufend, nicht fliegend. Auch bei ziehenden Wasserhühnern und Tauchern versagen manchmal die überanstrengten Brustmuskeln den Dienst, und die Vögel suchen dann in den sonderbarsten Schlupfwinkeln eine augenblickliche Zuflucht.

Dies bringt uns auf die Frage, ob nicht vielleicht schwache Flieger, die aber hervorragende Läufer oder gute Schwimmer sind, wenigstens einen Teil ihres Reiseweges laufend oder schwimmend zurücklegen. Für hochnordische Entenarten und andere Schwimmvögel, die nur langsam und zögernd vor dem andrängenden Eise gen Süden weichen, ist das Schwimmen wohl ohne weiteres zu bejahen. Erst wenn sie durch allzu ungute Verhältnisse gezwungen werden, die noch offenen Binnengewässer aufzusuchen, nehmen sie in größerem Maßstab zum Flugvermögen ihre Zuflucht und verstreichen dann vielleicht in einem Tag von der deutschen Küste bis zum Boden- oder Züricher See. Ich

habe aber zur Zugzeit auf den schlesischen Teichplatten auch Sumpf=
hühnchen beobachtet, die schnurstracks von einem Teich zum andern
liefen und dann über die Wasserblänken in der Zugrichtung eilig da=
vonschwammen, obwohl sie sich doch sonst tagsüber möglichst verborgen
halten und eigentlich zu den Nachtwanderern gehören. Es erscheint
mir deshalb durchaus nicht ausgeschlossen, daß solche Vögel, namentlich
wenn sie es eilig haben und vom Fluge schon etwas übermüdet sind,
gelegentlich auch ihre flinken Beine und ihr Schwimmvermögen zu
Hilfe nehmen. So ausgezeichnete Beobachter wie die beiden Brehms
haben diese Ansicht sehr nachdrücklich vertreten. Natürlich kann es sich
dabei immer nur um räumlich geringe Teilstrecken des großen Gesamt=
weges handeln.

Die „Stationen" des Vogelzuges wurden schon kurz erwähnt, und
es ist nötig, auch diesen Begriff einer etwas näheren Betrachtung zu
unterziehen. Wir müssen verschiedene Arten von Stationen unter=
scheiden, nämlich S a m m e l =, Rast= oder Futter= und Paarungs=
stationen. Die ersten kennt jeder Spaziergänger, denn wer hätte nicht
schon im Hochsommer ganze Perlenschnüre von Schwalben auf dem
Telegraphendrahte sitzen sehen oder Massen von ihnen auf den Kir=
chendächern, von wo aus sie dann Übungsflüge unternehmen, um
aber immer wieder zu ihren Sammelplätzen zurückzukehren, bis dann
endlich eines schönen Tages die ganze Schar plötzlich verschwunden ist?
Ebenso auffallend sind förmliche Wolken von Staren, die sich im
Herbst über die Fluren wälzen und dann zum Übernachten im Schilf
und Röhricht eines großen Teiches einfallen, auch wenn sie weit danach
fliegen müssen. Unendliches Stimmengewirr und Geschwätz ertönt dann
an einem solchen Platze, wo ein Starenschwarm nach dem andern aus
weiter Umgegend anlangt, erst einige elegante Schwenkungen voll=
führt, die wie Schwadronsschwenkungen eines wohlgeübten Reiter=
regiments aussehen, um dann endlich einzufallen, von den schon vor=
handenen Kameraden mit lautem Geschrei empfangen. Und noch bis
zum völligen Eintritt der Dunkelheit setzt sich dieser Lärm fort, hier
und da auch in Zank um die besten Schlafplätze ausartend. Bach=
stelzen und Rauchschwalben finden sich oft an den gleichen Örtlich=
keiten ein, gleichfalls zu großen Massen sich zusammenballend, aber
mit den Staren im allgemeinen gute Freundschaft haltend. Oft wach=
sen die Vogelmassen derart an, daß die Rohrstengel unter der Last
umknicken. Die Krähen dagegen sammeln sich an bevorzugten Schlaf=

plätzen auf den Wipfeln hoher Bäume in den stillsten Waldesteilen,
und kommen hier gleichfalls truppweise aus der ganzen Umgegend
zusammen. — Bekannt sind auch die großen Storchenansammlungen
auf feuchten Wiesen, die mit fleißigen Flugübungen verbunden sind
und die Anlaß gegeben haben zu dem noch immer von vielen Men=
schen geglaubten Märchen, daß die Störche bei dieser Gelegenheit auch
eine Art Gerichtssitzung abhalten, wobei Schwächlinge, die den strengen
Anforderungen des Zuges nicht gewachsen erscheinen, zum Tode ver=
urteilt und von ihren Kameraden durch Schnabelhiebe ins Jenseits
befördert werden, damit sie nicht unterwegs dem Ganzen durch Ver=
zögerungen schaden.

Wie wir schon gesehen haben, fliegen die Vögel auf dem Zuge nur
wenige Stunden und verwenden die andere Hälfte ihrer Zeit zur
Nahrungssuche und zum Ausruhen. Dies geschieht an den sogenannten
R a s t s t a t i o n e n , die mit großer Zähigkeit festgehalten und all=
jährlich immer wieder aufgesucht werden, falls sie nicht etwa durch
Abholzungen, Trockenlegungen und dergleichen tiefgreifende Ände=
rungen erlitten und dadurch an Anziehungskraft für die Vögel ver=
loren haben. Das ist ja gerade das Wunderbare beim Vogelzug, daß
er trotz seiner Vielseitigkeit und Mannigfaltigkeit durch so große
Einfachheit und ständige Wiederholung bis in die kleinsten Einzel=
heiten hinein sich auszeichnet. Das geht so weit, daß selbst der Einzel=
wanderer immer wieder dieselben Rastplätze aufsucht und ebenso
seine Nachkommen, ohne daß wir sagen könnten, woher diesen solche
Kenntnis kommt. Ich ergriff einmal in einer verlassenen und zer=
fallenen Fischerhütte in der Dobrudscha zur Zeit des Frühlingszuges
eine dort am Tage ausruhende Nachtschwalbe, und die Fischer er=
zählten mir daraufhin freiwillig, daß in jedem Jahr um die gleiche
Zeit dort immer eine Nachtschwalbe anzutreffen sei. Selbst Seltlinge
habe ich wiederholt vom gleichen Baume heruntergeschossen, wo es
sich also im zweiten und dritten Falle doch nicht mehr um den gleichen
Vogel handeln konnte. — Die Raststationen werden sich naturgemäß
an solchen Örtlichkeiten befinden, die zugleich dem Vogel recht be=
queme und reichliche Nahrung bieten, damit er in seinem erschöpften
Zustand nicht lange herumzusuchen braucht. Solche Plätze werden mei=
stens an Flußufern, Teichen oder ähnlichen Örtlichkeiten liegen, weil
sich hier eben die Nahrung besonders reichlich vorfindet. Und hier er=
scheint für den Beobachter große Vorsicht geboten, denn wenn er große

Vogelscharen immer wieder an Flußläufen rastend findet, so kann er leicht zu der Meinung verleitet werden, daß die Vögel überhaupt an den Flüssen entlang ziehen, also sogenannte fluviatile Wanderer sind und das dazwischenliegende trockene Land nicht gern überfliegen. Manche der sogenannten Zugstraßen ist sicherlich auf dieser falschen Auslegung aufgebaut. Gerade bei uns in Mitteleuropa treffen ja die nordöstlichen Wanderer auf ihrem Zug gen Südwesten fortwährend auf Stromsysteme, die ihnen sehr willkommene und nahrungsreiche Rastgelegenheiten bieten. Aber es wäre falsch, daraus schließen zu wollen, daß sie an dem Strome entlang ziehen. Freilich gibt es auch das und gar nicht selten, aber es muß erst durch weitere Umstände er-härtet werden. Nicht immer können die Vögel sich wirklich geeignete und gute Rastplätze aussuchen, sondern es gibt auf ihrem Wege auch Strecken, auf denen es an solchen völlig mangelt, und dann sind die Reisenden gezwungen, auch an den unbequemsten und widernatürlich-sten Örtlichkeiten vorübergehende Zuflucht zu suchen, um sich nur wenigstens auszuruhen, wenn auch Schmalhans dabei Küchenmeister ist. So wurden bei meinem Frühlingsaufenthalt in der ungarischen Tiefebene Feldlerchen tagelang zu förmlichen Sumpfvögeln, Zaun- und Dorngrasmücken zu Wipfelbewohnern in den höchsten Pappeln und Eichen, Dompfaffen sogar zu Rohrvögeln. Am Kaspischen Meer traf ich kleine Grasmücken in der völlig kahlen, von Sturmwinden durchblasenen Mugansteppe, wo weit und breit kein Strauch zu sehen war, und in den Steppen Südmarokkos, die teilweise schon Wüsten-charakter zeigen, wimmelte es eines Morgens in meinem Zeltlager von Schilf- und Binsenrohrsängern, die ganz vertraut in unsere Zelte schlüpften und von den Brosamen meines Frühstücks naschten.

Den Begriff der „Paarungsstation" habe ich schon 1899 in die Wissenschaft einzuführen versucht, aber mein Vorschlag ist damals wenig beachtet worden, und doch gibt es zweifellos ganz ausgesprochene Paarungsstationen, und ich bin heute von der Sonderart dieser Sta-tionen noch mehr überzeugt als früher, namentlich seitdem ich auch in der Dobrudscha diesbezügliche Beobachtungen anstellen konnte. Wer mit offenen Augen durch die Natur geht, der wird oft die Erfahrung machen, daß nordische Wandervögel auf ihrer Durchreise im Früh-jahr längere Zeit, manchmal monatelang, an ihnen zusagenden Plätzen verweilen und sich daselbst ganz häuslich einzurichten beginnen. Sie sondern sich in Paare, führen ihre Liebesspiele auf und erkämpfen sich Reviere — kurz, sie gebärden sich ganz so, als ob sie brüten wollten, so daß auch der Forscher leicht zu der Annahme verleitet werden kann, sie seien in der betreffenden Gegend völlig heimisch. Aber plötzlich, zu schon sehr vorgerückter Jahreszeit, verschwinden sie doch und ziehen nun so schnell wie möglich ihren wahren Brutplätzen im Norden zu, wo sie dann sofort zum Nestbau und Eierlegen schreiten. Die von ihnen so lange belebte Gegend, in der sie alle Vorbereitungen zum Fortpflanzungsgeschäft trafen, war eben nichts als eine Paarungsstation. Diese werden hauptsächlich von solchen Arten gemacht, an deren nordischen Brutplätzen der Sommer so kurz ist, daß er ihnen nicht recht Zeit läßt für langwierige Balzspiele, für der Minne schmachtendes Hangen und Bangen. Jedenfalls darf die bisher arg vernachlässigte Wichtigkeit solcher Stationen, deren Vorhandensein kein aufmerksamer Beobachter leugnen wird, nicht unterschätzt werden. Aus individuellen Ursachen bleiben an solchen Paarungsstationen auch wohl vereinzelte Pärchen ausnahmsweise zurück und schreiten dann tatsächlich zur Fortpflanzung, weshalb die genaue Kenntnis der Paarungsstationen namentlich für den Faunisten von nicht geringem Wert sein dürfte. Hierher gehört z. B. das vereinzelte Brüten von Weindrosseln, Leinzeisigen, Bergfinken und Rauhfußbussarden in Norddeutschland. Da solche Beispiele Nachahmung finden können, so vermögen die Paarungsstationen wesentlich zur Erweiterung der Verbreitungsgrenzen einer Art beizutragen. Ich erinnere in dieser Beziehung an das regelmäßige Brutvorkommen des hochnordischen Zwergsägers in der Dobrudscha und der Sammetente auf transkaukasischen Seen. In beiden Fällen fehlen verbindende Zwischenbrutplätze völlig. Nach meinen Erfahrungen ist z. B. die Kurische Nehrung Paarungsstation für Regenbrachvogel, Eisente und Leinzeisig, die Dobrudscha für den Dünnschnäbeligen Brachvogel und den Rotkehlpieper, das Alföld für den Krammetsvogel. Wie leicht man durch solche Paarungsstationen getäuscht werden kann, geht daraus hervor, daß frühere Forscher übereinstimmend glaubten, Rotkehlpieper und Dünnschnäbeliger Brachvogel zählten zu den Brutvögeln der Dobrudscha, während dies in Wirklichkeit keineswegs der Fall ist.

„Hie Zugstraßen!" — „Hie Zug in breiter Front!" — so erschallt schon seit Jahrzehnten das Kampfgeschrei auf dem bereits arg zerstampften ornithologischen Turnierplatz. Beide Parteien haben

recht, denn die einzelnen Vogelarten verhalten sich auch in dieser Be=
ziehung ganz verschieden. Bezeichnend ist es, daß solche Forscher, die
ihren Wohnsitz und Beobachtungsplatz in weiten Ebenen haben, zu=
meist Anhänger der Frontwanderung sind, die in Gebirgsgegenden
heimischen dagegen fast alle an das Vorhandensein bestimmter Zug=
straßen glauben. Das gibt uns gleich den richtigen Wink. Nur darf

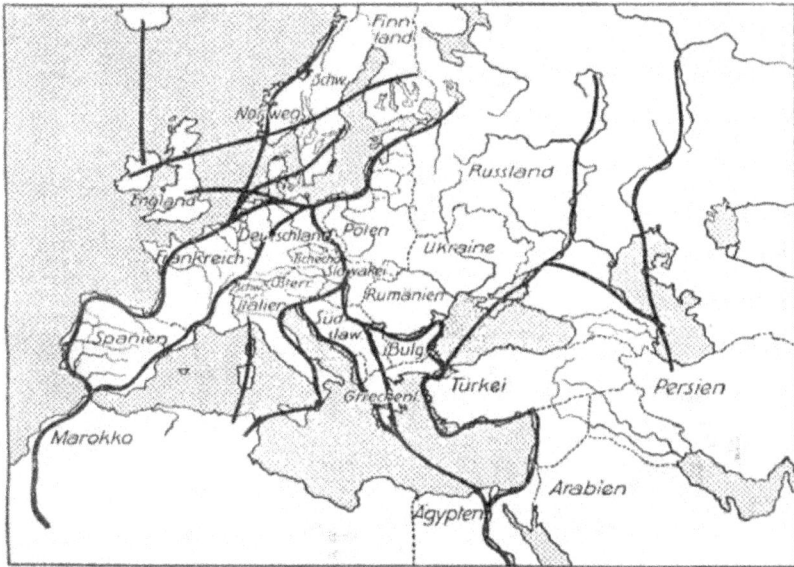

Wichtigste europäische Vogelzugstraßen

man bei dem Begriff „Zugstraßen" nicht etwa an menschliche Fahr=
straßen denken, sondern sie sind in der Regel Dutzende von Kilometern
breit, ließen sich also eher mit den Anmarschstraßen oder Angriffs=
fronten großer Heeressäulen vergleichen, wie wir sie im Weltkriege
gewohnt waren. Allerdings gibt es Fälle, wo die Zugstraßen sich stark
verengern, z. B. auf der zu beiden Seiten von großen Wasserflächen
begrenzten und stellenweise nur einen halben Kilometer breiten Kuri=
schen Nehrung. Die gefiederten Wanderer folgen hier streng dem Ver=
lauf der langgestreckten Halbinsel, wodurch auch ihre scharf ausge=
prägte Zugstraße entsprechend schmal wird. Ähnliches gilt für die
Alpenpässe. Es gibt auch Vögel, die den größten Teil der Reise in

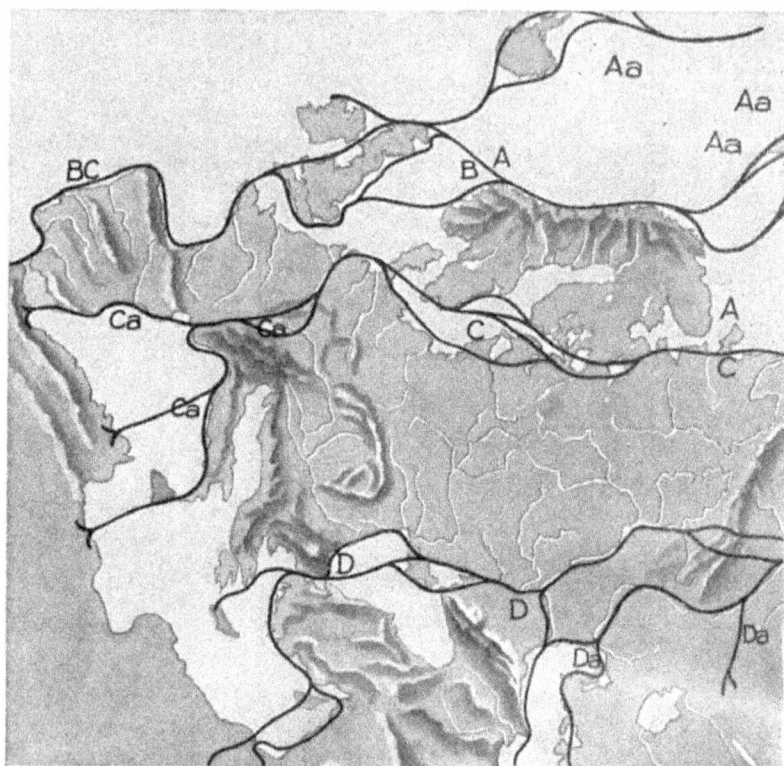

Zugstraßen nach Palmén

A, Aa Glacial-litorale Straßen, ziehen von Ost nach West entlang der Polareis-Barriere.
B, C Marino-litorale Straßen, folgen den Küsten der großen und kleinen Meere.

breiter Front zurücklegen und erst bei der Überwindung oder Um=
gehung von Hochgebirgszügen, Wüsten und Meeren aus praktischen
Gründen zu besonderen Zugstraßen sich bequemen. Gerade unseren
europäischen Zugvögeln legt sich ja in Gestalt von Pyrenäen, Alpen,
Balkan und Kaukasus ein mächtiger und nicht leicht zu bezwingender
Querriegel zur Zugrichtung vor, der sich weiterhin durch das Mittel=
meer und durch den afrikanischen Wüstengürtel in anderer Form
wiederholt. Für solche Arten, die derartige Hindernisse nicht zu über=
fliegen wagen, sondern sie vorsichtig auf Umwegen umgehen, wird da=
durch die Front gespalten, und der Zugschatten der Alpen z. B. macht

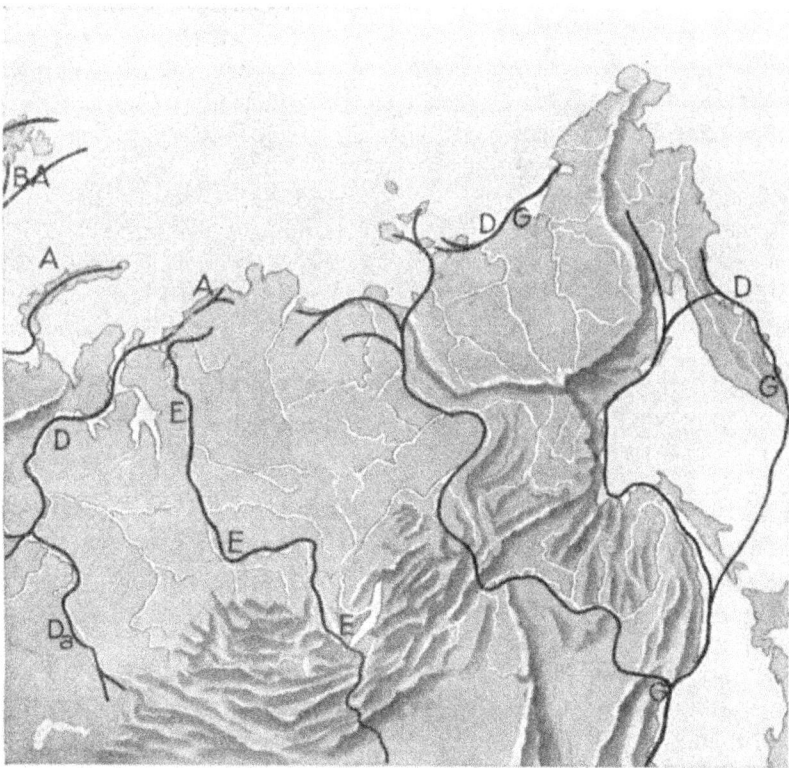

C, Ca Rhein-Rhone-Straße. D, Da Ural-Kaspische Straße. E Submarino-littorale Straßen, streben
von Meer zu Meer, auch wenn es nur ein großer Binnensee ist wie das Kaspische Meer.
So führt eine große Zugstraße vom Tajmyrland (Sibirien) entlang dem Ob und der Wolga
zum Don, Schwarzen Meer, Bosporus, Mittelmeer und nach Ägypten

sich dann noch weithin geltend, bis nach Afrika hinein, und dasselbe
gilt von der Sahara. Um einen richtigen Begriff vom Überfliegen des
Mittelmeeres zu bekommen, muß man sich vergegenwärtigen, daß die
Vögel im Pliozän und Diluvium keineswegs über ein offenes Meer
zu ziehen brauchten, sondern ständig über festem Land bleiben konn=
ten, da ja damals das Mittelmeer noch kein zusammenhängendes,
mit den übrigen Ozeanen in Verbindung stehendes Wasserbecken
bildete, sondern zwei große getrennte Binnenseen. Als dann die heu=
tigen Verhältnisse eintraten, war die Kenntnis dieses bequemen
Weges schon so fest vererbt, daß die Vögel zähe daran festhielten,

woraus sich die heutigen Zugstraßen ergaben. Aber der Zugschatten der Alpen bewirkt es, daß der Übergang Sizilien—Malta—Tripolis oder Sardinien—Tunis ungleich weniger beflogen wird, als die Meerenge von Gibraltar oder das Nildelta, zumal hinter Tunis und Tripolis gleich die große Sandwüste sich breit macht. In Tunis erscheinen eigentlich nur Singdrosseln, Turteltauben und Wachteln in großer Menge, und diese bleiben wohl größtenteils schon in Nordafrika. Dagegen wimmelt Ägypten im Herbst und Winter von Gästen oder Durchzüglern aus der Vogelwelt, da ja der Nil den bequemsten Zugang nach Innerafrika bildet. Doch bemerken wir bald, daß nur Vögel aus der östlichen Hälfte Europas im Pharaonenlande sich einstellen, z. B. nur Sprosser und keine Nachtigallen, nur die Rotsternigen Blaukehlchen aus Schweden, aber nicht die aus Norwegen, nur die östlichen Arten und Rassen der Rohrsänger, nicht die westlichen. Ebenso zieht der große Rauhfußbussard aus dem Ural im Winter nach der Dobrudscha und nicht etwa durch Mitteleuropa gen Südwesten. Umgekehrt treffen wir in Marokko ausschließlich westeuropäische Arten und Rassen, also echte Nachtigallen, norwegische Blaukehlchen, Binsenrohrsänger, englische und französische Formen. Die Rassenkunde hat uns hier ein unschätzbares und sicheres Hilfsmittel für die Erforschung des Vogelzuges und besonders der Zugstraßen an die Hand gegeben. Die Grenzscheide zwischen den nach Südwesten und den nach Südosten ausweichenden Zugvögeln verläuft bei vielen Arten etwa im Stromtal der Elbe oder der Weser, bei anderen in dem der Oder oder erst in dem der Weichsel, geht also mitten durch Deutschland hindurch.

Besonders klar konnten diese Verhältnisse beim Hausstorch aufgedeckt werden, denn schon Wüstneis prächtige Beobachtungen haben deutlich und zweifellos nachgewiesen, daß die westdeutschen Störche auf der Rhein- und Rhonestraße an der spanischen Küste nach der Meerenge von Gibraltar ziehen, also eine ausgesprochene südwestliche Richtung einschlagen, die ostdeutschen dagegen eine südöstliche oder noch weiter ostwärts eine fast rein südliche. In vollster Übereinstimmung hiermit sah ich große Storchenzüge im schlesischen Odertale, in der March-Beczwa-Oder-Furche, in der Ungarischen Tiefebene, im östlichen Rumänien und Bulgarien und wahre Unmassen von Adebars in Kleinasien, besonders in Zilizien und in Syrien. Daß der rotbestrumpfte Langbein in den Nilländern ein sehr häufiger Gast ist, davon singen und sagen ja schon unsere alten Kinderlieder, und daß das Hauptwinterquartier erst im südafrikanischen Steppengebiete sich befindet, wußten wir durch die dortigen Forscher auch schon längst. Der Beringungsversuch hat dann diese große Zugstraße bestätigt und einige noch vorhandene Lücken ausgefüllt, namentlich diejenige zwischen dem Nilquellengebiet und Südafrika. Viel weniger gut sind wir über den weiteren Verlauf der südwestlichen Zugstraße über Gibraltar

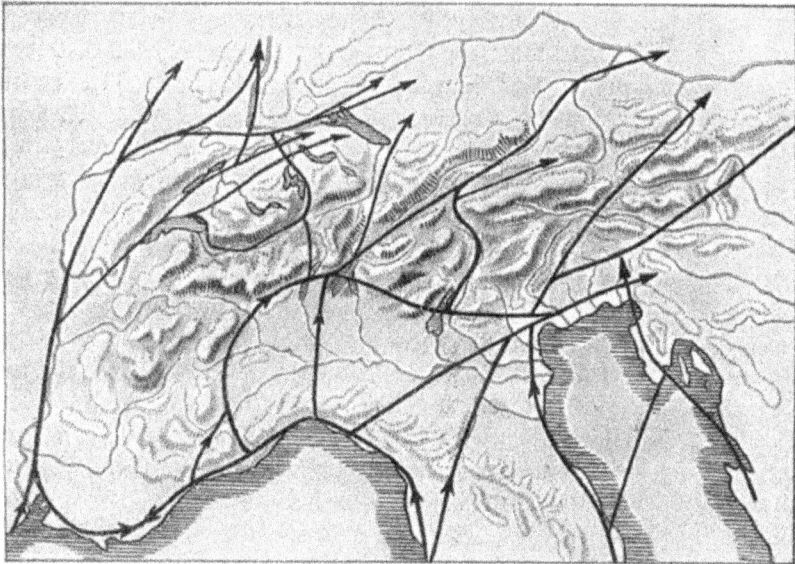

Frühlingszug durch die schweizerischen Alpen
nach G. v. Burg, aus „Mitteilungen über die Vogelwelt", Jahrgang 1923/25

hinaus unterrichtet. Ich konnte sie zwar durch eigene Beobachtungen längs der Westküste Marokkos bis etwa zum 30. Breitengrade verlängern, aber dann klafft eine große Lücke bis zum Tschadsee, und wie diese überwunden wird, insbesondere die dazwischenliegenden Wüstenstrecken, darüber könnte man höchstens vage Vermutungen aussprechen, die vorläufig noch jeder tatsächlichen Grundlage entbehren.

Mit solcher Sicherheit und Bestimmtheit wie beim Storch kann man heute wohl noch bei keiner anderen Vogelart eine Zugskarte entwerfen, obwohl es vielfach geschieht. Man hat z. B. auch Krähen und Lachmöwen massenhaft beringt, aber beide sind eigentlich mehr Strich= als echte Zugvögel, und schon deshalb kann hier der Versuch nicht so klare und weitreichende Ergebnisse zeitigen. Immerhin ergab sich bei den Lachmöwen die interessante Tatsache, daß sie möglichst den An= schluß an eine Hauptstraße zu gewinnen suchen und dabei auch Um= wege in scheinbar ganz verkehrter Richtung nicht scheuen. So ziehen manche binnendeutsche Möwen, deren Zug überhaupt stark auseinan= der strahlt, im Herbst zunächst den Rhein abwärts, also gen Norden, um erst einmal in Holland die Hauptstraße zu erreichen. Ähnlich war es bei meiner Heimatstadt Zeitz, wo die an Zugstraßen sich haltenden Arten im Herbst zunächst die Elster abwärts zogen, also nach Norden, um erst einmal Anschluß an das Elbetal zu erreichen, und im Früh= jahr von dort aus kamen, also das letzte Stück ihres Weges südwärts flogen: gerade umgekehrt, als man erwarten sollte. Die in breiter Front ziehenden Arten dagegen flogen einfach südwestwärts. Auch in Württemberg suchen viele Arten zunächst einmal das Neckartal zu ge= winnen, um dadurch den Schwarzwald, der von ihnen nicht gern über= flogen wird, nördlich zu umgehen und in die große Zugstraße der Rheinebene zu gelangen. Ich habe den Versuch gemacht, diejenigen europäischen Zugstraßen, die wir nach dem heutigen Standpunkte der Vogelkunde einigermaßen sicher kennen, auf einem Kärtchen einzu= tragen, muß aber immer wieder ausdrücklich betonen, daß es sich bei allen Vogelzugskarten vorläufig immer nur eben um Versuche han= deln kann, daß sie also stets cum grano salis zu nehmen sind und durch zukünftige Forschung wahrscheinlich mancherlei Richtigstellungen erleiden werden. Begründer der Zugstraßen=Theorie ist der berühmte finnische Forscher J. A. Palmén, der sich hauptsächlich auf das Vor= kommen seltener nordischer Schwimmvögel zur Zugzeit stützte und be= reits verschiedene Arten von Zugstraßen als marine, litorale, fluvia= tile usw. unterschied. Obgleich seine Begründung mancherlei Mängel aufwies und namentlich E. F. v. Homeyer heftig Sturm gegen ihn lief, hat sich der geistreiche Finnländer doch siegreich durchgesetzt, und heute leugnet wohl niemand mehr das Bestehen bestimmter Zugstraßen, die aber — wohlgemerkt! — nur für einen Teil unserer Vogelwelt Gel= tung haben. Besonders deutlich treten sie natürlich in Gebirgsgegen= den hervor, wo sich die Vögel an die tiefer eingeschnittenen Pässe halten müssen, wie wir Menschen ja auch, und wo ihr Erscheinen oder

Nichterscheinen das wirtschaftliche Wohlergehen ganzer Volksstämme in hohem Maße beeinflußt. Nicht umsonst errichten die italienischen Vogelmassenmörder ihre größten und erfolgreichsten Roccoli am Ausgang der Alpenpässe. Das hier beigegebene Kärtchen des im Vorjahr verstorbenen Schweizers Gustav v. Burg, der in der Erforschung der Zugverhältnisse in den Alpen seine Lebensaufgabe erblickte, ist auf Grund jahrzehntelanger unmittelbarer Beobachtung entworfen und

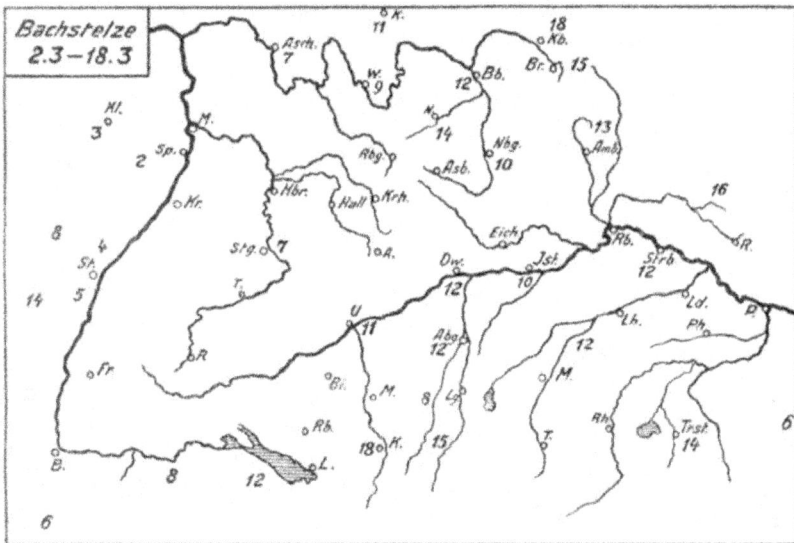

Ankunftsdaten der Bachstelze im südwestlichen Deutschland
nach Bretscher, „Mitteilungen über die Vogelwelt", Jahrg. 1925/26

gibt einen ganz anschaulichen Begriff, mag es auch in den Einzelheiten hier und da anfechtbar sein. Selbst wenn man wie v. Burgs Landsmann und wissenschaftlicher Gegner Bretscher nach der Datenmethode arbeitet, kristallisieren sich doch beim Eintragen möglichst langjähriger Durchschnittsdaten der Ankunft im Frühling auf die Karte deutlich gewisse Zugstraßen heraus. Wir sehen auf dem Kärtchen von Südwestdeutschland, wie die ersten Bachstelzen im Rheintal auftauchen, also offenbar aus Westen oder Südwesten ankommen, und wie dann erst von hier aus etwas später die Hardt und die Vogesen besiedelt werden, wie die Vögel deutlich im Rhein-, Main- und Neckartal und etwas später im Donautal entlang ziehen und zuletzt im Fichtelgebirge,

Bayrischen Wald und in den Voralpen wahrgenommen werden. Bei=
gefügt sind weiter Versuche zu Zugskärtchen aus der Dobrudscha, die
ich nach eigenen Beobachtungen entwerfen konnte, und vom Kaspi,
wo ich die grundlegenden Forschungen des Altmeisters Gustav Radde
bestätigt fand. Die westsibirischen Vögel halten zumeist eine streng
nord=südliche Richtung inne, z. B. die dortigen Wachteln, während die
Ostsibirier mehr nach Südosten abbiegen, um im südlichen China zu
überwintern und zum Teil sogar über Japan nach der Inselwelt des
Stillen Ozeans gelangen. Das tibetanische „Dach der Welt", die ge=
waltigen Höhen der asiatischen Zentralmassive und die furchtbare
Wüste Gobi werden nicht überflogen, sondern umgangen. In Nord=
amerika weist östlich der Felsengebirge die allgemeine Zugrichtung
nach SO oder SSO, und die Wanderer gelangen schließlich über die
Randländer des Golfes von Mexiko oder über die westindischen Inseln
zur Nordküste Südamerikas, ziehen aber zum Teil bis in die ge=
mäßigten La=Plata=Staaten hinunter. Westlich der großen Gebirgs=
scheiden finden wir hauptsächlich Küstenwanderer, also die litoralen
Zugstraßen Palméns.

Außer der orohydrographischen Gestaltung der zu durchmessenden
Länderstrecken kommen aber noch mancherlei andere Faktoren bei
der Herausbildung von Zugstraßen in Betracht. Manche Arten, denen
die bisherigen Verbreitungsgrenzen zu eng werden oder die verloren
gegangene Gebiete wieder erobern möchten, stoßen in der Hitze des
Frühlingszuges über die seitherigen Brutbezirke hinaus und ver=
suchen sich weiter nördlich seßhaft zu machen. Hierher gehört es z. B.,
wenn unversehens einmal Bienenfresser in Hessen brüten, wenn ich
zu meinem Erstaunen einmal bei Rossitten den Mittelmeerstein=
schmätzer erblickte, wenn ebenda einmal ein Steinrötel sich dreist auf
den Zaun der Vogelwarte setzte und herabgeschossen wurde, wenn fast
alljährlich Nachtreiher am Bodensee sich einstellen und wenn vor weni=
gen Jahren wieder einmal ein ganzer Schwarm Edelreiher in der
Bartschniederung auftauchte und alle Anstalten zum Fortpflanzungs=
geschäft traf. Leider werden alle solche Ansiedlungsversuche, soweit
es sich um größere oder farbenschöne oder angeblich schädliche Vögel
handelt, regelmäßig vereitelt durch gewisse „Jäger", die nichts Leben=
des sehen können und es verlernt haben, sich an den köstlichen Gaben
der Natur zu erfreuen, ohne gleich die Schrotspritze sprechen zu lassen.
Nur kleinen oder unansehnlichen Vogelarten gelingt eine solche Er=

weiterung ihres Verbreitungsgebietes, und so haben z. B. in den letzten
Jahrzehnten Girlitz, Hausrotschwanz, Bergstelze und Halsbandfliegen=
fänger ihre Grenzen bedeutend nach Norden vorgeschoben. Soweit sie
Zugvögel sind, gehen sie dann aller Wahrscheinlichkeit nach im Herbst
genau auf der Einwanderungslinie wieder rückwärts, womit ihnen
also ihre Zugstraße vorgeschrieben ist. Nicht immer decken sich die
Frühjahrszugstraßen mit denen des Herbstes, sondern öfters werden
andere Wege eingeschlagen, wobei das Streben nach möglichster Ab=
kürzung der Gesamtreisestrecke unverkennbar ist. Wo der Zug im
Herbst erst von Ost nach West führt und dann fast rechtwinklig nach
Süden umbiegt, wird im Lenz dieses Dreieck nicht ausgeflogen, son=
dern die Vögel ziehen auf seiner Hypotenuse. Dies gilt z. B. für die
sibirischen Laubsänger, die im Herbst nach Helgoland kommen, sich
aber im Frühjahr dort nicht wieder blicken lassen, weil sie dann quer
durch Deutschland ziehen, wo sie natürlich nur durch einen besonders
günstigen Zufall festgestellt werden können. Aber im allgemeinen
wird doch nicht nur die Zeit, sondern auch der Raum beim Vogelzug
mit erstaunlicher Regelmäßigkeit eingehalten. Es ist, als ob richtige,
für die Vögel sichtbare Wege durch das wesenlose Luftmeer führten.
Jeder erfahrene Jäger weiß ja, an welchen Stellen seines Reviers er
auf Schnepfenstrich rechnen kann und wird sich deshalb immer wieder
an denselben erfolgversprechenden Plätzen anstellen; jeder aufmerk=
same Spaziergänger wird bald dahinter kommen, daß die überwin=
ternden Krähen bei ihren täglichen, oft ziemlich ausgedehnten Flügen
von den Nahrungs= zu den Schlafplätzen und umgekehrt immer ge=
nau dieselben Luftstraßen einschlagen, und jeder Vogelschützer macht
die Wahrnehmung, daß die Meisenschwärme im Spätherbst jeden Tag
die gleiche Runde machen und mit Sicherheit zu einer bestimmten
Stunde an einem ganz bestimmten Orte anzutreffen sind. Oft bleiben
bei der gleichen Vogelart die weiter südlich wohnenden Stämme den
Winter über in der Brutheimat zurück und werden von ihrer weiter
nördlich siedelnden Sippschaft überflogen, nicht aber machen jene
diesen Platz und räumen ihnen ihre Sitze ein, wie man vielfach fälsch=
lich behauptet hat. Das Eintreffen im Frühjahr erfolgt keineswegs
für alle Individuen derselben Art in einer Gegend gleichzeitig, son=
dern verteilt sich sprungförmig auf einen gewissen Zeitraum, der um
so ausgedehnter ist, je frühzeitiger die durchschnittlichen Ankunfts=
daten für solche Vögel liegen. Erst kommen die Vorposten, sogenannte

„Spione", die oft wieder verschwinden, nachdem sie sich kurz umge=
sehen haben, dann folgt die Hauptmasse, auch diese oft in mehreren
Abteilungen, und endlich die Nachzügler. „Eine Schwalbe macht noch
keinen Sommer", sagt sehr richtig das Sprichwort.

Herr Rechnungsrat Meyer befindet sich seit dem 1. April im Ruhe=
stande und macht nun täglich, ehe er sich zu seinem Dämmerschoppen
am Stammtisch im „Roten Löwen" begibt, seinen behaglichen Nach=
mittagsbummel durch die hübschen Anlagen des Städtchens nach dem
nahen Buchenwäldchen, wobei er mit Vorliebe auf die Stimmen der
gefiederten Sänger lauscht, denn er ist ein alter „Vogelnarr", neben=
bei gesagt eine der sympathischsten Klassen des im allgemeinen ziem=
lich ekligen Menschengeschlechts. Heute am 24. April ist es besonders
schön draußen. Den Äckern entsteigt der kräftige Geruch der umge=
pflügten Erdscholle, die Wiesen prangen in frischem Grün und sind
von unzähligen bunten Blümlein durchstickt, die Obstbäume haben
ihre schneeige Blütenpracht entfaltet, die weißleuchtenden Birken=
stämme ihren zartgrünen Spitzenschleier übergeworfen, die bis zum
Platzen angeschwollenen Buchenknospen warten nur darauf, vom
nächsten Sonnenstrahl wachgeküßt zu werden zu neuem Leben, das
Buschwerk in Wald und Flur hat seine jungen Blätter entrollt, und
von allen Zweigen, aus allen Hecken tönen die jauchzenden Früh=
lingshymnen der täglich um neu eintreffende Arten sich vergrößernden
Vogelschar. Das Herz voll sonniger Lenzesstimmung ist Herr Meyer
schon auf dem Heimwege begriffen. Leise senkt sich die Dämmerung
hernieder. Der Weg führt an dem alten Wallgraben der ehemals
freien Reichsstadt entlang, der jetzt von Gärten und Anlagen ausge=
füllt ist. Plötzlich bleibt der alte Rechnungsrat wie verzückt stehen
und hält lauschend die Hand an das schon etwas schwerhörig gewordene
Ohr. Unendlich süße Töne schallen zu ihm herauf aus dem jungen
Grün eines alten Fliederbusches, kunstvolle Läufe, jauchzende Triller,
prachtvolle Kadenzen. Die Nachtigall ist wieder da! An diesem Tage
ist der Herr Rechnungsrat erst mit erheblicher Verspätung an seinem
Stammtisch erschienen. Die Freunde maulten, denn sie vermochten
es nicht zu begreifen, daß man eines Vogelliedes wegen den geliebten
Männerskat oder die Bierbankpolitik versäumen könne. Die Nach=
tigall aber sang unentwegt weiter, fast die ganze laue, vollmond=
überflutete Frühlingsnacht hindurch. Auch die nächste und übernächste.

Mit der Macht ihrer melodienreichen Kehle will sie sich durchaus das ersehnte Weibchen herbeizaubern. Wie das jauchzt und klagt, wie das trillert und flötet, wie das fleht und wirbt, bald in den zartesten Molltönen ersterbend, bald mit schmetternder Kraft schier gellend ausgestoßen! Es ist das Hohelied der Liebe! Und endlich — in der vierten Nacht —, da fliegt ein unscheinbar graues Vögelchen schon stundenlang einsam über Berg und Tal, über Feld und Wald dem Lichtschimmer des Städtchens zu. Als die sehnsüchtigen und wehmütigen Triller aus dem Fliederbusch an sein Ohr schlagen, da stutzt es, schwenkt um, läßt sich tiefer herab und fällt endlich im Nachbarbusch ein, bewillkommt von einer prachtvollen Jubelfanfare des harrenden Männchens. Sie haben sich wiedergefunden an der vorjährigen Stätte ihres Glückes nach der langen, gefahrvollen, getrennt vollführten Reise. Innig schmiegen sich die beiden Vögelchen auf ihrem Zweige aneinander. Brust an Brust verfallen sie nach durchwanderten oder durchsungenen Nächten in den tiefen, wohltuenden Schlaf völliger Ermattung. Sie träumen von Minne und Liebe, von Nestbau, Brüten und Kinderfüttern. Wonniges Glücksgefühl durchzittert die kleinen leidenschaftlichen Vogelherzen. Sind sie doch nach so viel Fährnissen endlich wieder vereint in der Heimat!

Sachweiser